科学。奥妙无穷▶

住在摩天大楼顶层的云

ZHUZAIMOTIANDALOUDINGCENGDEYUN

中国出版集团
现代出版社

目录

目 录

● 摩天大楼

　　各种外形奇特的高塔，建筑风格各异的摩天大楼，耸立在山间水畔的城堡，它们需要着精湛的艺术，同时从古至今对我们有着独到的吸引力，成为一座城市乃至整个国家的标志性建筑。现在，就让我们漫步云端，去与这些古塔高楼，云间城堡来一次美丽的约会……

　　摩天大楼诞生于19世纪80年代的美国芝加哥，共10层楼的"芝加哥家庭保险大厦"被公认为世界第一座摩天大楼，这座楼由威廉·勒巴隆·詹尼设计，主要是为了缓解城区用地紧张，促进商业发展。然而，不到120年，世界各地的摩天大楼早已一次次挑战了人们对高度的承受力，从第一座超过金字塔的建筑——埃菲尔铁塔，到称霸了近半个世纪的帝国大厦，到台北101，再到2010年，迪拜哈利法塔以828米、168层的高度雄踞了世界第一高楼的宝座，这是人类史上第一座超过600米的摩天大楼。

摩天大楼的历史 ⟩

11世纪中央高塔建成时，只有4层，这在当时已是罕见的高大建筑了。塔的墙壁用石块砌筑，每层须能承载其上各层的重量。为了使塔身巍然矗立，最底层的墙不得不厚达5.2米。利用承重墙的建筑物至多高5层左右。因为最底层的墙无论多厚也不能支撑更高的结构。只有利用框架支承上层重量，外加较轻的墙壁抵挡风霜雨雪，才可能建筑高楼。中世纪的木骨架房屋便是朝这方向迈出的第一步。到了19世纪，钢铁产量大增，而且性能可靠，才有了根本解决办法。

第一座整体铁框架承重建筑物，是于1860年在英国希奈斯建成的4层船库。它高16米，有铸铁柱和跨度9米的熟铁梁，用螺栓紧紧固定。

首座有承重框架的摩天大楼是1884~1885年在芝加哥兴建的10层高的家庭保险大楼，设计人是威廉·勒巴隆·詹尼。下面6层连在一起的铁柱是熟铁梁框架，上面4层是钢框架。从此，钢框架摩天大楼在美国陆续兴建。只要安装好框架，整座摩天大楼的全部幕墙便可以各层同时建筑，因此施工进度很快。纽约市55层的歌德式建筑伍尔沃斯大厦，3年竣工，高达230米，1913年落成时是当时世界最高的建筑物。

纽约市的帝国大厦比伍尔沃斯大厦晚落成18年，工期只用了13个月，共有102层，高381米，是20世纪建筑科技突飞猛进的标志。芝加哥的西尔斯大厦，有110层，高443米，1973年落成。现在每天有12 000人在里面工作，总建筑面积近500平方千米，为底部占地面积的100倍。

住在摩天大楼顶层的云

摩天大楼的危害 〉

今天的摩天大楼风潮早已不仅仅是为了利用城市土地，促进商业发展了，它还是城市的面子，很难想象一座国际性的大都市没有傲人的摩天大楼。除了哈利法塔，目前在建超过600米以上的高楼，包括日本松岛国际城（601米）、韩国首尔的数码城大厦（640米）、菲律宾马尼拉国营赌场大厦（665米）及我国的武汉绿地中心（606米）、平安国际金融中心（646米）、正在建设中的上海中心大厦（632米）、丝绸之城（1001米）。

然而，随着2001年纽约世贸中心大厦（526.3米）被毁，人们不禁对摩天大楼的安全性产生怀疑。的确，在摩天大楼居住和工作的人无论地震还是火灾时，都很难逃生，而且近来环保组织也提出，摩天大楼会导致一系列环境问题，影响人类及其他物种的生存：

• 摩天大楼会引起城市峡谷效应

城市峡谷效应是指由于几何效应，高层建筑尤其摩天大楼的玻璃幕墙会吸收、反射大量阳光，导致周围的温度比其他区域更高。

• 摩天大楼会导致光污染

如果您对光污染没有什么概念，那么想象一下您有多久没看到星空了。其实光污染绝不仅仅破坏了美好的夜空，它会造成炫目，影响司机开车质量；光入侵也给人们带来许多麻烦，比如许多人在夜晚不能打开窗户，因为对面高楼的霓虹灯会闪烁一整个晚上，极大地影响人们的睡眠质量。目前，几乎所有大城市的居民都生活在多重反射的光线下，摩天大楼在这一方面的"贡献"最大。对光污染影响最大的，就是全玻璃建筑，本来闪烁的霓虹灯就已影响人们的生活，再加上全玻璃建筑的反射，将光污染变得更加严重，所以现在许多人都不赞同全玻璃建筑。

• 影响鸟类迁徙

摩天大楼的光污染会误导迁徙的鸟类，使它们在夜间也继续飞行而精疲力竭，

或不小心撞到夜间大楼的霓虹灯上而导致死亡。在美国，每年有上万只鸟类因此而死。一些大城市的鸟类爱好者们，呼吁鸟类迁徙路线上的高层建筑在晚上熄灭灯光，以保证鸟类的安全飞行。

• 影响人类居住环境

影响人类居住环境的因素包括：光照、阴影、声音以及各种自然现象。摩天大楼

会造成大片阴影，使得比其低的楼层无法得到充足的光照。而且，风会在高于地面10米以上加快速度，比如在200米的高度，风速会比10米处高出3级，造成很大的噪声。而且，摩天大楼还会形成通道效应，也就是在大楼拐角处形成旋风，使得行人在经过大楼时受到强风的冲击。

• 火灾救援难度大

目前世界最高的消防云梯只有130米，那么超过这个高度的楼层居民将很难在火灾中得到及时救援。

此外，一些心理学家也提出，人类在

10层以上的建筑生活，会产生孤寂感，影响心理健康。

当然，摩天大楼的确在一定程度上促进了城市的发展。因此，究竟摩天大楼对人类是福是祸，还要从正反两面来客观看待。

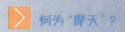 何为"摩天"？

"摩天"顾名思义，就是与天接触的意思，用以形容极高。陆游有诗云："三万里河东入海，五千仞岳上摩天。"无独有偶，摩天大楼的英文单词为 skyscraper, sky 是天空，而 scrape 即"擦""划破"之义。由此看来，无论古今中外，"摩天"反映出人们共同的心理建构和文化想象。

盘点全球十大最严重高楼坍塌事故 〉

由于质量不达标，遭受巨大撞击或者其他人为因素，世界上的很多高楼突然坍塌，顷刻之间变成一堆碎石瓦砾。这些事故用血的教训警示每一个人安全的重要性。以下盘点的是历史上发生的十大最严重的高楼坍塌事故。

• 纽约双子塔倒塌事故

2001 年 9 月 11 日，纽约世贸中心双子塔因遭到客机撞击轰然倒塌，成为历史上最严重的一起高楼坍塌事故。在设计上，双子塔的每座高塔可承受 5000 吨横向风载荷，也就是说，喷气客机的重量不足以导致坍塌事故，真正的原因是客机携带的34 万升燃料。燃烧产生的高温并没有熔化支撑大楼的钢柱，只导致钢柱强度降低

50%。在这种情况下，钢柱仍能支撑大楼。温度的不均衡成为压垮双子塔的最后一根稻草，导致一侧钢柱扭曲坍塌，最终形成多米诺效应。

• 韩国三丰百货大楼倒塌事故

1995 年 6 月 29 日，韩国首尔的三丰

百货大楼发生倒塌，共造成 502 人死亡，937 人受伤，成为韩国历史上发生在和平时期的最严重灾难。建造中途，这座建筑的用途从写字楼变成百货公司，也就此埋下悲剧的种子。为了安装电梯，施工方不

得不拆除一些关键的支撑柱。这座大楼原定建四层，最后加盖1层，支撑结构承受的重量远远超出最初设计。此外，施工方使用不达标的混凝土，将原定的钢筋数量从16根减至8根，混凝土支撑柱的直径也不符合标准。

• 巴西三座办公楼倒塌事故

2012年1月26日，巴西里约热内卢的一座20层办公楼突然倒塌，砸向附近另外两座办公楼，一座10层，一座4层。很快，三座大楼变成一片废墟，至少造成17人死亡。当局表示20层办公楼存在施工质量问题，导致塌陷事故并引发连锁反应，殃及附近两座较矮的办公楼。这起事故提高了巴西政府对建筑安全的重视，呼吁进行改革，制定更加严格的建筑标准并修改相关规定。

• 新加坡新世界酒店坍塌事故

1986年3月15日，新加坡的6层

新世界酒店在不到60秒时间内轰然倒塌，50人被埋在碎石下，最后只有17人生还。这起事故是新加坡在二战后发生的最严重灾难，像一场大地震，震动了整个新加坡。经过彻查，调查人员发现新世界酒店在最初的设计上存在严重失误。建筑工程师在设计时完全忽视了整座大楼的静负荷，即大楼本身的重量。也就是说，新世界酒店从设计之初就注定了悲剧命运。

• 上海楼盘倒塌事故

2009年6月27日，上海莲花河畔小

一场大型教师讨论会以及泰国一家石油公司的会议。赶到现场后，救援人员使用手提钻和撬棍展开营救。皇家广场酒店1990年加盖的3层楼层并未进行适当评估，业主和一名工程师也因此被警方逮捕。此外，酒店屋顶为应对供水短缺储存的大量水也是导致坍塌的一个原因。

区一栋在建的13层住宅楼（7号楼）全部倒塌。庆幸的是，在感觉到大楼开始倒塌时，绝大多数工人成功撤离，只有一人因正在楼里取工具，耽误了宝贵时间，跳窗逃命后不幸身亡。在7号楼倒塌后仅一天，附近一河堤发生塌方，说明这一地区并不稳定，土质疏松。经过调查，开发商的资质有效期截止到2004年12月31日，也就是说，已经非法运营了5年之久。上海楼盘倒塌事故引发了很多人对中国建筑安全的关注和担忧。

- 泰国皇家广场酒店坍塌事故

　　1993年8月13日，泰国呵叻府的6层皇家广场酒店在不到10秒内轰然倒地，共造成137人死亡，227人受伤。事故发生时，这家酒店正在举行几场会议，包括

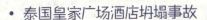

- 美国地平线广场公寓楼坍塌事故

　　1973年3月2日，美国弗吉尼亚州地平线广场公寓楼群的一座公寓发生坍塌，形成巨大的尘土和碎片云。这起事故

15

共造成 14 名建筑工人死亡，34 人受伤。令人感到吃惊的是，这座公寓尚未竣工。虽然在设计上并不存在缺陷，但施工时存在重大失误。当时，施工方过早拆除 22 层混凝土支柱的模板，水泥尚未完全硬化，无法支撑上面楼层的重量，最后土崩瓦解。上面的楼层随之倒塌并引发连锁反应，导致整座大楼完全坍塌。

事故的原因之一。惨剧发生后，救援人员使用手提钻和嗅探犬展开营救。据悉，这座居民楼居住着大约 400 名外来民工，均来自印度东部农村地区。他们绝大多数人的收入仅够维持基本生活开支，住在这种公寓实属无奈之举。

• 马来西亚高峰塔坍塌事故

1993 年 12 月 11 日，马来西亚吉隆坡郊外发生一起山崩事故，山崩形成的巨大冲击力相当于 200 架喷气式客机，摧毁了当地高峰塔公寓楼群一号楼的地基，导致整座大楼发生坍塌。这个住宅群共有 3 座 12 层公寓，建在陡峭的小山脚下。其护墙和排水系统在设计上存在缺陷，维护也很差，一些排水管道被树枝阻塞。连续 10 天的降雨对管道造成巨大压力，最后

• 印度新德里大楼倒塌事故

2010 年 11 月 15 日，印度新德里的一座质量低劣的居民楼发生坍塌事故，共造成 67 人死亡，150 人受伤。除了本身质量不过关外，降雨和暴涨的河水也是酿成

发生爆裂，土壤中的水分迅速增加，形成山崩。事故发生后，2 号和 3 号楼的居民全部撤离，现在仍然空置，好似两座墓碑。

• 英国罗南角公寓楼坍塌事故

1968 年 5 月 16 日，英国伦敦 22 层罗南角公寓楼的一角发生坍塌事故。这起事故的肇事者是住在 18 层的 56 岁蛋糕装饰师艾维·霍奇。霍奇划火柴点炉灶时引起煤气爆炸，最终酿成坍塌惨剧。爆炸撕裂了承重墙，上面的 4 层公寓失去支撑，发生坍塌，形成多米诺效应，压垮了下面的公寓，整个一角变成废墟。令人感到吃惊的是，只有 4 人在事故中死亡，17 人受伤，肇事者霍奇也幸免于难。

● 高楼之王

哈利法塔 ＞

哈利法塔原名迪拜塔，又称迪拜大厦或比斯迪拜塔，是位于阿拉伯联合酋

米。迪拜塔由韩国三星公司负责营造，2004年9月21日开始动工，2010年1月4日竣工启用，同时正式更名哈利法塔。

哈利法塔项目，由美国芝加哥公司的美国建筑师阿德里安·史密斯设计，由美国建筑工程公司SOM、比利时最大建筑商Besix、阿拉伯当地最大建筑工程公司Arabtec和韩国三星公司联合负责实施，景观部分则由美国SWA进行设计。建筑设计采用了一种具有挑战性的单式结构，由连为一体的管状多塔组成，具有太空时代风格的外形，基座周围采用了富有伊斯兰建筑风格的几何图形——六瓣的沙漠之花。哈利法塔加上周边的配套项目，总投资超70亿美元。哈利法塔37层以下全是酒店、餐厅等，世界上首家ARMANI酒店也入驻其中，位于1-8层和38~39层。此外45~108层则作为公寓。第123层是一个观景台，站在上面可俯瞰整个迪拜市。建筑内有1000套豪华公寓，周边配套项目包括：龙城、迪拜MALL及

长国迪拜的一栋已经建成的摩天大楼，有162层，总高828米，比台北101高出320

配套的酒店、住宅、公寓、商务中心等项目。

哈利法塔不但高度惊人，连建筑物料和设备也"分量十足"。哈利法塔总共使用33万立方米混凝土、3.9万吨钢材及14.2万平方米玻璃。大厦那么高，当然需要先进的运输设备。大厦内设有56部升降机，速度最高达每秒17.4米，另外还有双层的观光升降机，每次最多可载42人。

哈利法塔光是大厦本身的修建就耗资至少10亿美元，还不包括其内部大型购物中心、湖泊和稍矮的塔楼群的修筑费用。为了修建哈利法塔，共调用了大约4000名工人和100台起重机。目前，它不仅是世界第一高楼，还是世界第一高建筑。

• 结构设计

哈利法塔的设计为伊斯兰教建筑风格，楼面为"Y"字形，并由三个建筑部分逐渐连贯成一核心体，从沙漠上升，以上螺旋的模式，减少大楼的剖面使它更加直往天际，至顶上，中央核心逐渐转化成尖

塔，Y字形的楼面也使得哈利法塔有较大的视野享受。

内部设计由乔治·阿玛尼设计，阿玛尼饭店坐落于37楼以下的楼层，45~108楼有多达700间房间，一座游泳池坐落于76楼，106楼以上的楼层作为办公室与会议室，123楼设计观景台（约442米），而顶部的尖塔天线包含了通讯功能。

哈利法塔包含世界最快电梯，速度达17.4米／秒，在此之前世界最快的电梯在中国台湾省的台北101，达16.8米／秒。

台北101 >

台北101, 又称台北101大楼, 在规划阶段初期原名台北国际金融中心, 是目前

世界第二高楼（2010年）。位于我国台湾省台北市信义区, 由建筑师李祖原设计, 熊谷组营造、华熊营造、荣民工程、大友为营造所组成的联合承揽团队建造, 保持了中国世界纪录协会多项世界纪录。台北101曾是世界第一高楼, 以实际建筑物高度来计算已在2007年7月21日被当时兴建到141楼的迪拜塔（哈利法塔）超越, 2010年1月4日迪拜塔（哈利法塔）的建成（828米）使得台北101退居世界第二高楼。

• 工程结构

台湾位于地震带上, 在台北盆地的范围内, 又有三条小断层, 为了兴建台北101, 这个建筑的设计必定要能防止强震的破坏。且台湾每年夏天都会受到太平洋上形成的台风影响, 防震和防风是台北101两大建筑所需克服的问题。为了评估地震对台北101所产生的影响, 地质学家陈斗生开始探查工地预订地附近的地质结构, 探钻4号发现距台北101约200米有一处10米厚的断层。依据这些资料, 台湾省地震工程研究中心建立了大小不同的模型, 来仿真地震发生时大楼可能发生的情形。为了增加大楼的弹性来避免强震所带来的破坏, 台北101的中心是由一个外围8根钢筋的巨柱所组成。

但是良好的弹性, 也让大楼面临微风冲击, 即有摇晃的问题。抵消风力所产生的摇晃主要设计是阻尼器, 而大楼外形的锯齿状, 经由风洞测试, 能减少

30%~40% 风所产生的摇晃。

台北 101 打地基的工程总共进行了 15 个月，挖出 70 万吨土，基桩由 382 根钢筋混凝土构成。中心的巨柱为双管结构，钢外管，钢加混凝土内管，巨柱焊接花了约两年的时间完成。台北 101 所使用的钢至少有 5 种，依不同部位所设计，特别调制的混凝土，比一般混疑土强度强 60%。

• 国际影响

一座杰出的地标建筑，足以改变这个城市。如同帝国大厦之于纽约、埃菲尔铁塔之于巴黎、金茂大厦之于上海，面对 21 世纪，台北需要更宽广的舞台、更亮眼的演出，高度 508 米，地上 101 层，地下 5 层的台北 101 专案即是"将台北带向全世界"的希望工程。

台北 101 在 2004 年 12 月 31 日举行大楼开幕典礼，除了宣示台北 101 进入全新的营运阶段，当晚的跨年点灯配合炫丽耀眼的烟火秀，更是成功地向世人宣告台北 101 时代的来临。

上海环球金融中心 〉

上海环球金融中心是位于中国上海陆家嘴的一栋摩天大楼，2008年8月29日竣工。是中国目前第二高楼、世界第三高楼、世界最高的平顶式大楼，楼高492米，地上101层，开发商为"上海环球金融中心公司"，由日本森大楼公司主导兴建。

楼为"观光天桥"，在第100层又设计了一个最高的"观光天阁"，长约55米，地上高达474米，超越加拿大国家电视塔的观景台，超过哈利法塔观景台（地上440米），成为未来世界最高的观景台。

• 风洞外形

许多中国网友指出，大楼原方案之所以会修改，是因为许多上海、中国民众认为原设计方案看上去就像是两把日本刀架

• 楼层规划

大楼楼层规划为地下2楼至地上3楼是商场，3~5楼是会议设施，7~77楼为办公室，其中有两个空中门厅，分别在28~29楼及52~53楼，79~93楼是酒店，将由凯悦集团负责管理，90楼设有两台风阻尼器，94~100楼为观光、观景设施，共有3个观景台，其中94楼为"观光大厅"，是一个约700平方米的展览场地及观景台，可举行不同类型的展览活动，97

着日本国旗中的日之丸，而建商更是日本公司，遂向上海环球金融中心公司加压，甚至有民众抵制环球金融中心的建立。中心公司随即更新设计。有人认为大厦原有的圆形方案更为美观，造型也符合美学观点之一的简约及流线形，也与周边的东方明珠和上海国际会议中心等同样以球形为设计元素的建筑更为协调，也有人套用传统上"天圆地方"的观念认为矩形的设计也未尝不可。由于大厦在设计建造之初，主流媒体就予以了集中宣传报道，所以普通市民对于大楼改变设计方案也都能察觉并形成了不同的观点，也形成了中日风水师的对决结局。

• 世界金融磁场

上海环球金融中心像一块强有力的"磁石"，具有磁引力、能形成磁流、产生磁影响、指引前进的方向。这里吸引着兼具成长意识和变革魄力的引导世界潮流的专业人士，他们在这里相聚相会、沟通交流、运用最新信息，产生通向未来的新价值和可能。

磁石周围无形的磁场形成"磁流"，信息与金融两大潮流于此汇合分流。经济与文化、东方与西方、知识与潜能等多种"磁流"在此相遇、交汇，促成积极的对话，形成推动时代发展的新潮流。

磁石会对周围产生磁影响。上海环球金融中心是一座能吸引全球权威人士汇聚于此，启迪无限智慧，孕育多样文化的"城市"，形成一股向周边发散的影响力。

磁石也可以作为指南针指引前进的方向。在这里诞生的磁力，可以为上海、中国、亚洲乃至全世界，指引一条更加美好的未来之路。

这就是上海环球金融中心的追求。

• 建筑成就

超高层建筑施工采用自行开发研制的整体提升钢平台模板体系和进口的液压自动爬模体系，在上海环球金融中心塔楼核心筒和巨型柱结构施工中发挥了独特作用。运用这些先进的工艺和技术，创出了塔楼核心筒和巨型柱施工的世界先进水平。

高强度、高耐久、高流态、高泵送混凝土技术在上海环球金融中心施工中见奇效，刷新了一次连续40个小时浇筑主楼底板3万余立方混凝土的国内房建领域新纪录和混凝土一次泵送至492米高空的世界纪录。

上海环球金融中心吊装中采用的2台M900D塔吊，是目前国内房建领域中起重量最大、高度可达500米的巨型变臂塔吊，塔吊总重量达225.40吨。大厦封顶后，该塔吊在500米高空拆卸，这在世界范围内尚无先例。

为提高遭遇强风时大厦酒店和办公人员使用环境的舒适性，上海环球金融中心在90层安装了2台用来抑制建筑物由于强风引起摇晃的风阻尼器，这是中国大陆地区首座使用风阻尼器装置的超高层建筑。该装置通过使用传感器，能够探测强风时建筑物的摇晃程度，抑制建筑物的摇晃。

大楼内提供23万平方米甲级写字楼，每层楼面面积约3251平方米，净楼底高度最高达2.85~3.15米，拥有先进的设计及高智能设施。大楼顶层设有一间六星级酒店，提供312间房间。此外，大楼在100楼设有公众观景层，让游客可在高处欣赏维多利亚港景色。

• 内部结构

甲级写字楼：环球贸易广场内10~99楼为甲级写字楼，总楼面面积达23万平方米。甲级写字楼由低至高划分为5个区域，区域1~2的净楼底高度为2.85米，而区域3~5的净楼底高度则达3.15米。此外，根据大楼的结构，每层楼面面积随

环球贸易广场 ＞

　　环球贸易广场位于香港西九龙柯士甸道西1号。它是香港港铁九龙站Union Square第七期开发项目，由新鸿基地产全资开发。总楼面面积为262 176平方米。第一期（低层楼面）已于2008年9月落成，2008年末已有各大小商户进驻营业。其实该种手法是仿效美国在9·11袭击中倒塌的世界贸易中心：1972年时，世界贸易中心仍未完成，已给予商户进驻营业。其可用楼层的水平高度达490米，实际高度则为484米。

着所处的高度递减，10 楼的楼面面积为 3610 平方米，而 99 楼的楼面面积则只有 2896 平方米。大楼内设置先进的高智能设备，针对跨国企业、金融机构和本地、外资及内地的大企业。

全球最高的六星级酒店：六星级的香港九龙丽嘉酒店坐落于环球贸易广场最顶的 15 层内，提供 312 间房间。取代上海金茂大厦的金茂君悦大酒店，成为全球最高的六星级酒店。

公众观景层：环球贸易广场内的 100 楼设有公众观景层，游客可在此环观维多利亚港的景色。

大型主题商场：逾 92 万平方米的大型主题商场圆方坐落于环球贸易广场的建筑群中。商场的第一期已于 2007 年 10 月 1 日正式开幕。开发商将它打造成为一个汇聚购物、饮食、娱乐及文化的地点。商场内按照中国传统的 5 大元素分为"金"、"木"、"水"、"火"和"土"5 个主题区域。每个主题区域都配以不同的建筑特色、艺术品和斜坡来营造出不同的室内环境。

• 建筑特色

全幢采用双层玻璃幕墙建造，达到天然采光的环保效果。48~49 楼设有空中大堂。设有 30 部分别可同时容纳 21 人的升降机，穿梭地面及各层办公室。另有 14 部直达高层的升降机及 2 部贵宾升降机。升降机采用迅达独家专利的 Miconic 10 智能分配系统。设有 24 小时出入管理及保安系统。办公室、升降机和大堂均设置无线手提电话通讯装置。配备卫星电视接收器。装有 12 台发电机，以应付紧急事故。与商场、住宅及酒店相邻，构成一个多元化的独立社区。

环球贸易广场与对岸的国际金融中心二期组成巍峨的"维港门廊"，构成独特的海港景观，成为香港的新地标，并进一步巩固香港作为国际商业、贸易及金融中心的地位。

环球贸易广场的命名

　　新鸿基地产在 2000 年成功投得九龙站第七期项目（即环球贸易广场）的开发权时，并未即时为这座建筑物命名。直至 2005 年 8 月，新鸿基地产在"维港新生活"的宣传中，以"巨塔 r"这个名字来包装这座大楼。可是，这个名称与合和实业旗下计划中的项目湾仔 Mega Tower Hotel（合和中心第二期）的英文名称相同，引起了合和实业的不满。最后，新鸿基地产于 2005 年 9 月 29 日为这座大楼作正式命名，改用现时的名称—"环球贸易广场"。

　　另一方面，环球贸易广场的中、英文名称并不相符。其中文名称"环球贸易广场"直译成英文为"Global Trade Square"，而英文名称"International Commerce Centre"直译成中文则为"国际商业中心"。

27

吉隆坡石油双塔 〉

吉隆坡石油双塔坐落于吉隆坡市中市，曾经是世界最高的摩天大楼，直到2003年10月17日被台北101超越，但仍是目前世界最高的双塔楼，也是世界第四高的大楼。

• 建筑设计

国家石油公司双塔大楼计划区共占地超过100英亩，第一阶段工程除了兴建国油双塔楼之外，还包括了50层楼的安邦大厦、一座广达14万平方米的购物中心、30层楼的挨索大楼、拥有645个房间的吉隆坡东方文华酒店、可容纳5500人祷告的清真寺，还有一座利用天然气来制造冷水的冷气中心，可以提供"国家石油公司双塔大楼"计划区所需的冷气，此外还特别保留了2323平方米的公园绿地。

高达452米的佩重纳斯塔楼是当年世界最高建筑，这也是这一称号首次落在美国以外。这两座88层塔楼包含74.32平方米以上办公面积，13.9万平方米购物与娱乐设施，4500辆车位的地下停车场，一个石油博物馆，一个音乐厅，以及一个多媒体会议中心。

这座国油双塔楼的设计是经由国际性的征稿，最后决定采用著名的凯撒培礼建筑事务所提出的构想。整栋大楼的格局采用传统伊斯兰建筑常见的几何造型，包含了四方形和圆形。

吉隆坡双子塔是马来西亚石油公司的综合办公大楼，也是游客从云端俯视吉隆坡的好地方。双子塔的设计风格体现了吉隆坡这座城市年轻、中庸、现代化的城市个性，突出了标志性景观设计的独特理念。

• 外部构造

塔楼一个值得一提的特色是在第42层处的天桥。如建筑师所称，这座有人字形支架的桥似乎像一座登天门。双塔的楼

面构成以及其优雅的剪影给它们带来了独特的轮廓。其平面是两个扭转并重叠的正方形，用较小的圆形填补空缺；这种造型可以理解为来自伊斯兰的灵感，而同时又明显是现代的和西方的。双塔的外檐为46.36米直径的混凝土外筒，中心部位是 22.8 米 ×22.9 米高强钢筋混凝土内筒，45.72 厘米高轧制钢梁支托的金属板与混凝土复合楼板将内外筒连系在一起。4 架钢筋混凝土空腹格梁在第 38 层内筒四角处与外筒结合。塔楼由一个筏式基础和长达 103.6 米但达不到基岩层之 1.2 米 ×2.7 米截面长方形摩擦桩，或称作发卡桩承托。

位于圆形与正方形重送交接点位置处的 16 根混凝土柱子支承上部结构荷载。连接双子塔的空中走廊是目前世界上最高的过街天桥。肖恩·康纳利及凯瑟琳·泽塔琼斯主演的《偷天陷阱》里，男女主角就是从这里逃脱。站在这里，可以俯瞰马来西亚最繁华的景象。双子塔内有全马来西亚最高档的商店，销售的都是品牌商品，当然价格也是最高的。塔内有东南亚最大的古典交响音乐厅——迪万古典交响音乐厅。塔楼的主要用户是马来西亚政府拥有的国家石油公司，国家石油公司双塔大楼计划之办公室、购物中心等。其交通问题是通过一个

29

轻轨车站、地下雨道网及拓宽的马路来解决的。

• 攀顶事件

2009 年 9 月 1 日早晨号称"蜘蛛人"的法国攀爬高手阿兰·罗伯特徒手爬上马来西亚首都吉隆坡 452 米高的双子塔顶端后张开双臂。由于事先未获批准攀楼，他遭警方逮捕。一些目击者说，罗贝尔当天身着黑衣，动作迅速，不到两小时就徒手攀上国营石油公司双子塔楼之一楼顶，把一面马来西亚国旗插在上面。

他上一次攀爬双子塔是在 2007 年。罗贝尔曾在个人网站上夸耀说，迄今他在全世界已攀爬过包括纽约帝国大厦在内的 70 多座摩天大楼。

紫峰大厦 ＞

紫峰大厦是世界第七、中国第四、大陆第二高楼，也叫绿地广场·紫峰大厦。位于中国江苏省省会南京市绿地广场，开发商是上海绿地集团及南京国资集团。南京绿地广场·紫峰大厦选址位于南京市鼓楼区鼓楼广场，东至中央路，西至北京西路。鼓楼周边区域有玄武湖、北极阁、鼓楼、明城墙等历史文物古迹；该地段是南京城区的中心点及城市的制高点，周边远景尽收眼底：东可眺望紫金山、西可望长江、南有雨花台、北有幕府山。2010年12月18日，正式落户南京鼓楼广场。

• 象征意义

十朝古都南京的核心鼓楼广场，崛

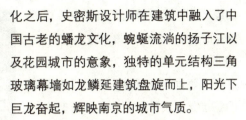
起的 450 米地标建筑绿地广场·紫峰大厦，是由世界摩天大楼设计泰斗——美国SOM 建筑事务所首席设计师艾德里安·史密斯亲自担纲，在历史厚重的南京，身为美国人的史密斯同样开始回归元文化，在查阅了大量南京的史料，深刻解读城市文化之后，史密斯设计师在建筑中融入了中国古老的蟠龙文化，蜿蜒流淌的扬子江以及花园城市的意象，独特的单元结构三角玻璃幕墙如龙鳞延建筑盘旋而上，阳光下巨龙奋起，辉映南京的城市气质。

紫峰大厦的选址存在着一些争议。它坐落于鼓楼地区，古典建筑和民国建筑林立，紫峰大厦对这些建筑造成了景观破坏。例如，南京大学北大楼（1919）是一座有近百年历史的文化建筑，是百年名校南京大学的标志性建筑。由于背后的这座现代化高楼紫峰大厦的新建，风格上和原有旧建筑有些抵触，造成传统建筑的视野和视廊不通畅，景观改变，视觉背景被污染，文化风貌受到一定程度的影响。这也是很多城市遇到的问题，发展和传统的矛盾总是困扰着城市设计师。

• 建筑特点

紫峰大厦的高度是一个方面，其独特的地理优势在南京也是首屈一指。紫峰大厦周边区域是全国著名高等学府南京大学、东南大学名校集聚之地；该地段交通便利，地铁一号线重要站点设置其中；是南京行政中轴线和商业中轴线的交界之处。这个高度位居"江苏第一"毋庸置疑，就是放在全世界也是排名前列。

紫峰大厦除了是南京标志性的摩天大楼外，更是引领科技建筑的先锋。南京国资绿地有关负责人介绍，紫峰大厦分别

31

由绿、蓝两组玻璃勾画出蟠龙模样的外立面。由于紫峰大厦本身定位较高，其外立面玻璃的安装方式也和常见的平板式不同，像龙鳞一样呈纵横交错的锯齿状；设计、安装这种新型幕墙玻璃的方法，目前是世界上唯一的，具体制作、安装都有相当的难度，加上特殊的灯光照射，所达到的效果与传统的平板式幕墙绝对不可同日而语。

西尔斯大厦 ＞

西尔斯大厦位于美国伊利诺伊州的芝加哥市，是上个世纪世界最高的建筑之一。它是为西尔斯-娄巴克公司建造的，于1973年竣工。西尔斯大厦用作办公楼，SOM建筑设计事务所为当时世界上最大的零售商西尔斯百货公司设计。楼高442.3米，共地上108层，地下3层，总建筑面积418000平方米，底部平面68.7×68.7米，由9个22.9米见方的正方形组成。西尔斯大厦在1974年落成时曾一度是世界上最高的大楼，超越当时纽约的世界贸易中心，在被马来西亚的"国家石油公司双塔大厦"（双子塔）超过之前，它保持了世界上最高建筑物的纪录25年。根据高楼与都市住宅委员会目前所使用的四分类建筑物高度判断法,虽然西尔斯大厦在"不含塔尖顶层顶板高度"、"最高使用楼层高度"两项上输给了上海环球金融中心,在"含塔尖建筑结构高度"一项上输给了台北101大楼,但加上楼顶天线后总高527.3米的西尔斯大厦仍拥有四类头衔中的"含天线总高"世界纪录,直至2004年台北101大楼建成以前,西尔斯大厦一直保持着"世界最高屋顶"和"世界最高居住层"的桂冠。

• 大厦造型

大厦的造型有如9个高低不一的方形空心筒子集束在一起,挺拔利索,简洁稳定。不同方向的立面形态各不相同,突破了一般高层建筑呆板对称的造型手法。这种束筒结构体系是建筑设计与结构创新相结合的成果。

西尔斯大厦用钢材76 000吨,即181千克/平方米。每平方米用钢量比采用框架剪力墙结构体系的帝国州大厦降低20%,仅相当于采用5跨框架结构的

50%。这种束筒结构体系概念的提出和应用是高层建筑抗风结构设计的明显进展。

• 防恐措施

情报部门担心恐怖分子"脏弹"袭击的目标很可能是位于芝加哥的美国第一高楼西尔斯大厦。因为在"9·11"事件发生以前,"基地"组织头目本·拉登曾把西尔斯大厦列为继纽约世贸中心和华盛顿五角大楼之后的下一个恐怖袭击目标。落网的"基地"组织骨干哈立德·穆罕默德在接受审讯时也承认,他和他的侄子拉姆齐·优素福曾通过翻看年鉴类资料来找出"美国经济奇迹的象征",然后将它们作为打击目标。他们曾按这种思路策划了世贸中心地下停车场爆炸案。

据报道,"9·11"事件发生后,美国已经投资约650万美元加强西尔斯大厦的安全措施,其中包括:为大楼安装了更多的数码相机;任何人进入大楼必须持安全卡;警力增加;改善了大楼内部与政府部门及外界的通信联系等。

京基100 〉

京基100，原名京基金融中心，楼高441.8米，共100层，是目前深圳第一高楼、中国内地第三高楼、全球第八高楼。位于我国广东省深圳市罗湖区，由来自英国的两大国际著名建筑设计公司——TFP和ARUP联合设计，中国建筑第四工程局有限公司承建。京基100是深圳房企京基集团旗下的世界级地标，也是中国民营地产企业投资建造的最高建筑，保持了多项中国纪录、世界纪录，并获得了多项世界级奖项。

• 全球顶配

京基100力求在设计、施工、技术和细节上做到完美，并为超高层设立了新的标准。

京基100共设有64部高速三菱原装电梯，分高、低、中区同时运行，并配备了深圳唯一的双轿厢转换电梯，形成最为周详而灵活的垂直交通系统。

超前的智能多媒体系统：在酒店客房多媒体方面，采用了最新甚至超前的智能高科技多媒体产品——魔笛风。魔笛风集客房电话、WiFi无线、电子钟、收音机、音响播放、多媒体转换众多功能于一体，用iPad或笔记本电脑播放电影时即形成

家庭影院：图像可以从电视出来、声音从音响出来。集客房信息化设备之大成。

变风量空调系统：在空调技术方面，采用了行业最为领先的冰蓄冷VAV空调系统，以更节能环保的技术，营造更具人性关怀的商务空间。

低碳优质中空玻璃：为响应低碳商务与绿色地球的理念，京基100采用造价更高，节能性、安全性兼优的夹层双银中空玻璃，具有高透光、低透热、隔绝紫外线的优异性能。

国际领先幕墙系统：京基100采用了国际上最为先进的幕墙系统——单元式幕墙，即第三代幕墙系统，通过在工厂内预

先加工并组装成独立的单元板块，然后运输至安装现场，严格按照施工工艺安装。该系统有组装精度高、抗震能力强、可同步施工、防水防渗、自洁等多项特点。

全智能管理：在智能管理方面，京基100通过大量的多媒体数据交互与应用，充分实现信息资源的共享与管理，提高工作效率和提供舒适环境。京基100从门禁管理到停车系统再到安防系统，均实现完全智能化。

• 设计特点

京基100聚集了全球两大顶级设计机构——TFP和ARUP的团队智慧，萃取全球摩天大楼的设计精华，将超大玻璃穹顶、连体双曲线雨篷与玻璃幕墙进行一体化设计，独创瀑布式的流线造型，喻示了全球第五金融中心的繁盛与兴旺，并为深圳未来发展缔造无限机会。其建筑外形简洁流畅，仿如倾泻于城市之中的瀑布，演绎"飞流直下三千尺，疑是银河落九天"的壮观景象。

京基100主塔楼东西向窄而南北向宽，高宽比为9.5:1，为国内摩天大楼之最。京基100主塔楼外墙采用全玻璃幕墙，显得华丽而高雅。楼体结构上，采用核心筒和桁架结构，又使楼体坚固无比。

不惧超级台风：为了控制楼体在风中的摆幅，设计者还在大楼91层设计安放了两个主动阻尼器，可抵御百年一遇的台风。

> **京基100万元征名**

深圳第一高楼面向社会的万元征名活动，从2010年9月16日开始，9月26日截止，京基地产共收到符合要求的命名邮件及传真达4300封，案名两万余组，除了深圳市民踊跃参与之外，还陆续收到黑龙江、新疆等外地的应征作品。

10月上旬，京基地产邀请由戴德梁行、世邦魏理仕等国际知名地产专业机构及专业人士组成的专家评审团，对应征案名进行了评选，最终"京基100"胜出。

在解释"京基100"获胜的理由时，京基方面表示，评委们主要是基于以下两方面考虑：一是100寓意圆满、完美；二是0到1是第一个阶段，1到100是第二个阶段，寓意全体参与京基100建设的人们不断迈向成功的奋斗历程。

金茂大厦 >

金茂大厦，又称金茂大楼，位于上海浦东新区黄浦江畔的陆家嘴金融贸易区，楼高420.5米，目前是上海第二高的摩天大楼（截至2008年8月）、中国大陆第四高楼、世界第九高楼。

• 建筑构造

大厦于1994年开工，1998年建成，有地上88层，若再加上尖塔的楼层共有93层，地下3层，楼面面积278 707平方米，有多达130部电梯与555间客房，现已成为上海的一座地标，是集现代化办公楼、五星级酒店、会展中心、娱乐、商场等设施于一体，融汇中国塔型风格与西方建筑技术的多功能型摩天大楼，由著名的美国芝加哥SOM设计事务所的设计师艾德里安·史密斯设计。因为中国人喜欢塔所以中国才把金茂大厦"搞"成这样。

金茂大厦是集办公、商务、宾馆等多功能为一体的智能化高档楼宇，第3~50层为可容纳10 000多人同时办公的、宽敞明亮的无柱空间；第51~52层为机电设备层；第53~87层为世界上最高的超五星级金茂凯悦大酒店，其中第56层至塔顶层的核心内是一个直径27米、阳光可透过玻璃折射进来的净空高达142米的"空中中庭"环绕中庭四周的是大小不等、风格各异的555间客房和各式中西餐厅等；第86层为企业家俱乐部；第87层为空中餐厅；距地面340.1米的第88层为国内第二高的观光层（仅次于环球金融中心），可容纳1000多名游客，两部速度为9.1米/秒的高速

36

电梯用 45 秒将观光宾客从地下室 1 层直接送达观光层，环顾四周，极目眺望，上海新貌尽收眼底。金茂大厦地下共有 3 层，局部 4 层，建筑面积达到 57 151 平方米，设有 800 个泊车位的停车场，2000 辆自行车库。停车场的收费系统，根据不同需求的停车客人，准备有月、季、年租泊车位智慧卡，或者随机取定时票停车。

• 结构技术

大厦采用超高层建筑史上首次运用的最新结构技术，整幢大楼垂直偏差仅 2 厘米，楼顶部的晃动连半米都不到，这是世界高楼中最出色的，还可以保证 12 级大风不倒，同时能抗 7 级地震。大厦的外墙由大块的玻璃墙组成，反射出似银非银、深浅不一、变化无穷的色彩。该玻璃墙由美国进口，每平方米 500 美金，玻璃分为

两层，中间有低温传导器，外面的气温不会影响到内部。金茂大厦共有 79 台电梯，观光高速电梯一次可乘 35 人，速度为每

秒 9.1 米，由下到上只要 45 秒。

金茂大厦的大厅采用圆拱式的门框，给人高大宽敞明亮的感觉；墙面选用地中海有孔大理石，能起到良好隔音效果；地面大理石光而不亮，平而不滑。前厅内的八幅铜雕壁画集中体现了中国传统的书法艺术，它通过汉字，从甲骨文、钟鼎文，一直到篆、隶、楷、草的演变，反映了中国上下五千年的文明史。通往宴会厅的走廊，更是一条艺术长廊，体现出一种高雅的品位和豪华的气派。

商品砼和散装水泥应用技术：该技术应用于地下连续墙，钻孔灌注桩，基坑围护、支撑，主楼核心商、复合巨型柱。楼板等工程部位。应用的总量达到了 157 000 立方米。金茂大厦使用的商品砼用散装水泥。机械上料、自动称量、计算机控制技术，

37

外加剂和掺合料"双掺"技术，搅拌车运输和泵送浇筑技术，不但提高了土建施工生产的机械化和专业化程度，而且增强了施工现场的文明标准化程度。

粗直径钢筋连接技术：金茂大厦的核心筒和巨型柱的模板均采用定型加工的钢大模，所以在核心筒与楼面梁的钢筋连接处，主楼旅馆区环板与核心筒钢筋连接处，巨型柱与楼面梁的钢筋连接处，采用锥螺纹连接的施工技术。

建筑节能技术：金茂大厦主要填充墙、防火分区隔墙等均采用空心砌块。其中，120毫米厚砌块4901平方米，190毫米厚砌块49742平方米，250毫米厚砌块1098平方米，300毫米厚砌块3493平方米。

现代管理技术与计算机应用：金茂大厦工程的信息量大、范围广，针对这种情况，在施工管理过程中，计算机技术得到了广泛的应用。财务管理、合同预算、人事档案管理、施工计划管理、施工方案的设计和编制、施工翻样图的绘制、深化图纸的设计等均采用了计算机管理软件。

世界贸易中心 〉

世界贸易中心在纽约曼哈顿岛西南端，为美国纽约的地标之一，西临哈德逊河。由两座并立的塔式摩天楼、4幢7层办公楼和1幢22层的旅馆组成，建于1962~1976年。2001年9月11日发生的9·11事件中倒塌。业主是纽约州和新泽西州的港务局。设计人是美籍日裔建筑师M·雅马萨奇。世界贸易中心曾为世界上最高的双塔，也曾是世界上最高的建筑物之一。

• 内部构造

世贸中心共110层，411米高，是由几幢建筑物组成的综合体。其主体（北楼和南楼）呈双塔形，塔柱边宽63.5米。

地基扎在坚固的岩石层上。大楼采用钢结构，用钢7.8万吨，楼的外围有密集的钢柱，墙面由铝板和玻璃窗组成，有"世界之窗"之称。大楼一切机器设备都用电脑控制，不论热暑寒冬，均能自动调节，被誉为"现

代技术精华的汇集"。

　　大楼有84万平方米的办公面积，可容纳5万名工作人员，同时可容纳2万人就餐。其楼层分租给世界各国800多个厂商，还设有为这些单位服务的贸易中心、情报中心和研究中心，在底层大厅及44、78两层高空门厅中，有种类齐全的商业性服务行业，为5万名办公人员和8万登楼游览或洽谈业务的人们服务。

• 建筑理念

　　"我们今日所需要的建筑就是要表现

今日的时代，我们需要爱、温存、喜悦、宁静、美丽、希望和作为一个人的独立自主。建筑就是要给予这样一个宁静的室内外环境。有了宁静，则我们有了喜悦。"缔造纽约世贸中心的美籍日裔建筑师M·雅马萨奇一向遵循的建筑理念听起来是那么充满爱心，以至于无法想象他的作品被无情摧毁时，他将怎样的悲哀。幸运的是，他已在1986年去世，带着他一生对友善平和的创作环境的追求。

• 建筑特色

　　由外而内纯粹钢结构：双子大楼高宽比为7:1，由密集的钢柱组成，钢柱之间

的中心距离只有1米多，所以窗都是细长形，身在室内没有大玻璃造成的恐惧感。密密的钢柱围合起来构成巨大的方形管筒，中心部位也是钢结构，内含电梯、楼梯、设备管道和服务间。两座塔楼都能提

供 75% 的无柱出租空间，大大超过一般高层建筑的使用率，被誉为当时世界上最大的室内空间。

数字说明双子塔楼之大：建造时挖出了 90 多万立方米的泥土和岩石，用了 20 多万吨钢材、32 万多立方米的混凝土，澳大利亚还专门为修建它设计制造了 8 台起重机，为穿越这"立起来的城"，200 多部电梯和 70 多座自动扶梯不停工作，电梯的速度最高达每秒钟 8 米。

建筑物的广场：世贸中心的广场是建筑师在千方百计节约建筑占地之后留给人们的礼物，之所以这么说，是因为在高楼密集的曼哈顿，这个地方最让人放松。它为步行者提供了一个躲避汽车和喧嚣的场所，有亲切的绿地、喷泉、座椅，有轻松漫步的行者和嬉戏玩耍的孩子。

58 秒到"世界之顶"：世界贸易中心最吸引人的是位于顶楼的世界之顶，在 2 号楼的 107 层，设有观景台，可搭乘快速电梯在 58 秒内到达，在观景台上有三座仿直升机的戏院，里面有移动式座椅及镭射电影。在晴空万里的日子，再登高几楼抵达顶端的观景台，楼顶设有宽阔的平台，极目远眺可以纵览海景。平台边缘以通电的有刺铁丝网围起，有时可以看到飞机或直升机在下方飞过。

• **袭击事件**

因其为纽约地区的重要地标，世界贸易中心一度成为国际恐怖分子的袭击目标。如：1993 年世界贸易中心爆炸事件。在 1993 年 2 月 26 日，世贸中心被伊斯兰极端分子在地下室放置炸弹，导致 6 人死亡，1000 余人受伤。并且炸出一个 30 米的大洞，后来这些恐怖分子都被判处 240 年的徒刑。在 2001 年 9 月 11 日，世贸中心被恐怖分子用民航客机自杀攻击，最终倒塌下来，2979 人丧生。

现在取而代之的是牺牲者的亲戚朋友所奉献的相片、书信、花束等。此地的街头艺术家还在演奏悲伤的歌曲，以抚慰当时无辜死去的灵魂。

• **遗址动工**

世贸中心倒塌后，重建新大楼与否的争议不断，有人认为应该重建以恢复该区

的贸易功能，且不向恐怖分子低头。但也有人认为在死伤惨重之处重建会对受害者不敬。最终决定重建，并国际征图，在竞图后决定出重建的模型，主体建筑定名为自由塔。2006年4月27日，自由塔的修建工程经历种种曲折后启动。2005年9月，倒塌地点的地铁车站先行开始重建。

2006年9月6日，世贸中心参观者悼念中心的揭幕仪式举行。在永久的世贸中心纪念馆竣工前，这里将作为世贸中心临时的悼念场。9月7日，负责重建的有关当局公布了东侧3座摩天大楼的设计方案。它们将在世贸中心纪念馆的周围组成一个半圆形，分别为78层、71层和61层。

104层高的摩天大楼"世界贸易中心"2010年8月已悄悄地破土动工。这座大楼由建筑师丘德斯设计，它的高度将达到541米，寓意就是美国独立的年份。

这座大楼将于2013年完工，办公面积达26.9万平方米，其余4.6万平米为商场、餐厅与瞭望台等设施。

建筑师雅马萨奇

美国建筑师雅马萨奇1912年出生于美国西北部海港城市西雅图，他的父母是从日本来到美国的移民。有些读者对他的名字可能有点陌生。他的名声不但够不上那几位著名大师，而且在西方建筑界不及埃罗·沙里宁、路易斯·康等他的同辈人那样响亮。

1986年他去世以后，西方建筑界似乎已经把他忘记了。可是在上世纪50~70年代，雅马萨奇确实曾经以自己的建筑观点和作品引起过许多人的重视。翻一翻那个时期美国和西欧的主要建筑刊物，可以发现不时有关于雅马萨奇作品的介绍。美国《建筑论坛》1959年7月号在一篇访问记的按语中还称他为"当代第一流的建筑师"。然而总的说来，美国建筑界，特别是在建筑师圈子中，对雅马萨奇的评价是不太高的。对他的赞誉主要来自建筑专业圈子以外的社会公众，来自委托他设计房屋的许多公司、团体和美国的某些政府机构。"美国之音"请他作广播讲演，《时代》周刊发表专文介绍他，雅马萨奇的母校赠他最佳校友称号，美国艺术和科学院选他为院士。社会公众欢迎他的建筑风格，建筑师界则有人讥讽他向群众口味投降。

1959年他做西雅图世界博览会美国联邦科学馆设计，他的方案遭到建筑师界的反对，《时代》周刊说，"幸而公众舆论支持才得建成"。上世纪60年代中期，纽约－新泽西港务局从众多的美国建筑师中挑选出雅马萨奇做纽约世界贸易中心的总建筑师，这一事实再次表明雅马萨奇当时受到社会公众的支持。

1962年的一天，雅马萨奇收到纽约－新泽西港务局的一封信，问他可愿承担一次建筑任务，其投资额为2.8亿美元。雅马萨奇认为数额过大，怀疑是多写了一个"0"。

事实上港务局物色建筑设计人员是很谨慎的，他们对40多家建筑师事务所作了深入的调查，最后才决定聘请雅马萨奇担任世界贸易中心总建筑师。

雅马萨奇事务所用了一年时间进行调查研究和准备方案。前后共提出100多个方案，雅马萨奇说他们做到第40个时方案已经成熟，其后60多个方案是为了验证和比较而做的。

● 曾经的王者

家庭保险大楼 〉

　　家庭保险大楼建于1885年,位于美国伊利诺州的芝加哥,楼高10层,公认为世界第一幢摩天建筑,由美国建筑师威廉·勒马隆·詹尼设计。1890年这座大楼又加建2层。下面6层使用生铁柱是熟铁梁框架,上面4层是钢框架,墙仅承受自己的重量。最后拆毁于1931年。

世界大楼 〉

　　世界大楼曾经是纽约市早期的一幢摩天大楼,完工于1890年,它已经被拆除了。它从家庭保险大楼拿走了最高摩天大楼的头衔。世界大楼拥有地上20层,屋顶高94.2米与尖顶106.4米。它于1894年被曼哈顿寿险大楼超越屋顶高度(虽然没有超过它的尖顶高度),并于1899年被公园街大楼超越。

曼哈顿人寿保险大楼 >

曼哈顿人寿保险大楼曾经是纽约市早期的一幢摩天大楼。它有106.1米高，完成于1894年并于1904年有一次小幅度的扩建。它代表世界上第一幢高度超过100米大楼的标志，它于1930年被拆毁，改建为欧文信托银行总部大厦。

公园街大楼 >

公园街大楼，位于美国纽约市曼哈

顿公园街。曾经是纽约市早期的一幢摩天大楼，高135米（计顶尖），共30层，在1899年完工至1908年胜家大楼完成之前的这段时间，它曾是世界最高的摩天大楼。

费城大会堂 >

费城大会堂是美国费城的社区会堂，建于1901年，这只有9层高大楼楼高167米。建成后曾成为世界最高摩天大楼，7年后（1908年）被胜家大楼取代，但仍然是费城最高建筑物，直到1987年。现为美国国家历史地标之一，并设有官方网站。

45

住在摩天大楼顶层的云

大都会人寿保险大楼 〉

　　大都会人寿保险大楼位于美国纽约市曼哈顿麦迪逊大道，建于1909年，是美国大都会人寿保险的总部。大楼楼高213米，建成后为世界最高摩天大楼，直到1913年被伍尔沃斯大楼取代。它虽然在百年前失去了"最高摩天大楼"的称号，但是它的"现代罗马式"的建筑风格将永远被人们记住，因为没有一个摩天大楼能和它一样带给人们圣殿般的感觉。

　　大楼顶部的钟楼是大楼的一个亮点，这也是大楼"现代罗马式"建筑风格的一个最好体现，顶部的钟楼有3层楼那么高，钟面上的文字为罗马文，指针只有时针和分针，钟四面都有，每一面的钟楼两旁都有两个天使，每到夜晚，大楼的钟都会发出白色的光。"9·11事件"过后，大楼的钟便闪着蓝色、白色的光以示哀悼。

胜家大楼 〉

　　胜家大楼建于1908年，是美国胜家衣车的总部。大楼高187米，建成后曾为世界最高摩天大楼，直到1909年被同样位于曼哈顿的大都会人寿保险大楼取代。最后于1968年拆卸，成为世界最高已拆卸摩天大楼。昔日的旧址早已成为了一群低矮的建筑群，只留下人们对它的追思……

川普大楼 >

于1930年建成时称为大通曼哈顿银行大厦。位于华尔街40号，建筑工程只用了11个月的时间便建成，这是有记录以来最快建造达30.48万米的工程。大楼曾经是一项建筑全球最高大楼的设计比赛中之三大入围作品。1995年，川普集团收购了该大厦，并改名为川普大厦，由建筑师特士吉以意大利大理石和青铜等建材重新设计了大楼的大堂。

这幢经常被当地人称为华尔街王冠宝石的大楼，于1930年一时成为全球最高的大厦，直至同年建成的克莱斯勒大楼所取代。大楼的建筑风格是当时最流行的新古典风格，造型也是当时最常用的建筑格局，底座设计为较大的基座，宏伟的基座是大楼的标志，大楼越高层，建筑立面越修窄，并且建造巨大的尖塔顶，这海蓝色的古典尖塔顶十分抢眼。

克莱斯勒大厦 >

克莱斯勒大厦是受克莱斯勒汽车制造公司的创建者沃尔特·P·克莱斯的委托而建造的。它建于1926~1931年，坐落在美国纽约，高度超过305米77层。克莱斯勒大厦被视为一个典型的装置艺术建筑，大多数的当代建筑师认为克莱斯勒大厦仍是纽约市最优秀的装置艺术大楼。

大楼尖顶装饰轮毂罩的克莱斯勒大厦被认为装饰艺术建筑学的杰作。大厦特别的装饰后来用在克莱斯勒汽车上。1929年克莱斯勒敞篷车上用了61楼角落老鹰来做装饰。31楼墙角装饰，用在1929年克莱斯勒汽车的散热器上。大厦的构造为石头、钢架与电镀金属构成，其中Otis电梯公司设计了4组8台电梯与3862扇窗户。1976年被公告为美国国定古迹。

住在摩天大楼顶层的云

帝国大厦 〉

帝国大厦是位于美国纽约市的一栋著名的摩天大楼，共有102层，由Shreeve, Lamb, and Harmon建筑公司设计，1930年动工，1931年落成，只用了410天，它的名字来源于纽约州的别称帝国州，所以英文原意实际上是"纽约州大厦"，而"帝国州大厦"是以英文字面意思直接翻译，但因此帝国大厦的译法已广泛流传，故沿用至今。

纽约帝国大厦始建于1930年3月，是当时使用材料最轻的建筑，建成于西方经济危机时期，成为美国经济复苏的象征，如今仍然和自由女神一起成为纽约永远的标志。曾为世界第一高大楼和纽约市的标志性建筑。是当时世界七大工程奇迹之一，世界贸易中心在9·11事件倒塌后，继续接任纽约第一大楼的头衔，直到自由塔建成。

帝国大厦在世界贸易中心兴建之前，一直是纽约市最高的建筑，并且在很长一段时间内也是全球最高的建筑。在它兴建之前克莱斯勒大厦是全球最高的建筑。目前它是美国第二高的建筑，排在芝加哥的西尔斯大楼之后。帝国大厦原本共381米，20世纪50年代安装的天线使它的高度上升至443.5米。根据估算，建造帝国大厦的材料约有330 000吨。大厦总共拥有6500个窗户、73部电梯，从底层步行至顶层须经过1860级台阶。它的总建筑面积为204 385平方米。

电影中的帝国大厦

1964 年电影《帝国大厦》，485 分钟，安迪·沃霍尔的纪录片，镜头一动不动对着帝国大厦拍了 8 个多小时。

1933 年的电影《金刚》最后爬到帝国大厦顶端，然后被战斗机攻击身受重伤、摔落地面而死。

1993 年的电影《西雅图夜未眠》，男女主角片末在楼顶相见。

2004 年电影《后天》中，帝国大厦被冰封上了。

2007 年英剧《神秘博士》中，Doctor 和 Matha 瓦解了一个 Dalek 利用帝国大厦改造人类的阴谋。

2010 年的电影《波西杰克逊与神火之盗》中，帝国大厦被视作古希腊天神的居住地"奥林匹斯"的电梯。

2010 年美剧《绯闻少女》里男主角 Chuck 约会女主角 Blair 的地方。

2012 年电影《黑衣人 3》里，Agent J 为获得极速而穿越，从帝国大厦跳下。

● "塔"中知识

塔是一种在亚洲常见的，有着特定的形式和风格的东方传统建筑。是一种供奉或收藏佛舍利（佛骨）、佛像、佛经、僧人遗体等的高耸型点式建筑，称"佛塔"、"宝塔"。在汉语中，塔也指高耸的塔形建筑，如埃菲尔铁塔、比萨斜塔、电视塔等，除此以外，在翻译中塔还有不同于以上概念的词汇，如金字塔、灯塔。

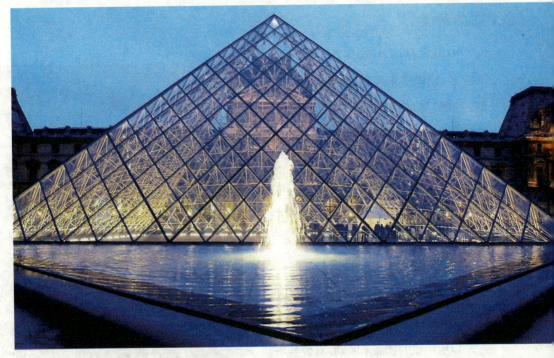

塔的结构 ＞

印度的窣堵波是由台基、覆钵、宝匣、相轮四部分组成的实心建筑。中国塔一般由地宫、塔基、塔身、塔顶和塔刹组成。地宫藏舍利，位于塔基正中地面以下。塔基包括基台和基座。塔刹在塔顶之上，通常由须弥座、仰莲、覆钵、相轮和宝珠组成；也有在相轮之上加宝盖、圆光、仰月和宝珠的塔刹。这些形制是由窣堵波演化而来的。

后来塔身逐渐变为多层造型，于公元3~4世纪，即有3层塔身出现，其后更有5层、7层、9层、13层、15层、17层，乃至37层

等重层结构。覆钵是向下的半球体，状如倒覆之钵。我国与其他东方诸国的坟墓，自古即呈小丘之状。后来，覆钵的半球形渐次增高，如鹿野苑的达密克塔，它的覆钵明显高耸起来。泰国缅甸等地的覆钵形状却逐渐变高如炮弹的形状。而西藏等地的佛塔则与之相反，上方开阔，下端缩小，犹如球形。

51

塔的种类 〉

中国现存塔2000多座。塔的种类非常多，以样式来区别，有覆钵式塔、龛塔、柱塔、雁塔、露塔、屋塔、无壁塔、喇嘛塔、三十七重塔、十七重塔、十五重塔、十三重塔、九重塔、七重塔、五重塔、三重塔、方塔、圆塔、六角形塔、八角形塔、大塔、多宝塔、瑜只塔、宝箧印塔、五轮塔、卵塔、无缝塔、楼阁式塔、密檐塔、金刚宝座塔、墓塔、板塔、角塔等。

按结构和造型可分为楼阁式塔、密檐塔、单层塔、喇嘛塔和其他特殊形制的塔。

以所纳藏的物品来区别，有舍利塔、发塔、爪塔、牙塔、衣塔、钵塔、真身塔、灰身塔、碎身塔、瓶塔、海会塔、三界万灵塔、一字一石塔。

以建筑材料来区别，则有砖塔、木塔、石塔、玉塔、沙塔、泥塔、土塔、粪塔、铁塔、铜塔、金塔、银塔、水晶塔、玻璃塔、琉璃塔、宝塔、香塔。

就塔排列位置的样态来区别，有孤立式塔、对立式塔、排立式塔、方立式塔等。各种式样的塔中，造形最古老者为覆钵式塔。覆钵式塔由栏楯、基坛、塔身、覆钵、平头、轮竿、相轮、宝瓶等各部分组成。

塔的功能 〉

塔受到的实用功能的限制不大，形式比较自由，又多是由信徒集资或国家和地方资助建造的，常不惜重金以示虔诚，结构方式也很多样，所以样式十分丰富，是匠师们自由驰骋才思的地方，成为中国建筑艺术一个重要类型。中国佛塔以楼阁式和密檐式为主，都是结合印度塔的原型与中国汉代已大量出现的楼阁创造的。

塔的历史 〉

• 塔的起源

印度佛教建筑窣堵坡和中国的传统建筑楼阁是塔的两大源头。

• 堵坡

印度的窣堵坡原是埋葬佛祖释迦牟尼火化后留下的舍利的一种佛教建筑，梵文称"窣堵坡"，就是坟冢的意思。开始为纪念佛祖释迦牟尼，在佛出生、涅盘的地方都要建塔，随着佛教在各地的发展，在佛教盛行的地方也建起很多塔，争相供奉佛舍利。后来塔也成为高僧圆寂后埋藏舍利的建筑。

• 楼阁

阁楼一名重楼，重楼是一种中国传统的建筑形式，早在先秦时代就已经出现，但由于年代久远，至今已经没有两汉以前的楼阁建筑实物存在。了解中土重楼的具体情况，除了通过历史文献的分析之外，两汉时期墓葬中殉葬的冥器和墓室壁画是很好的资料。冥器中的重楼多为陶土烧制的 2~3 层的木结构建筑模型，多有斗拱作为支撑结构，各层分布平坐和檐，建筑有门窗等精细结构，建筑平面大多为正方形。汉代冥器重楼模型的结构特征与魏晋之后木塔的建筑结构有着明显的源流关系。

• 塔的出现

古代印度的佛教建筑塔在东汉时期随佛教传入中国，之后迅速与中国本土的楼阁相结合，形成中国的楼阁式塔。后由于木结构易腐烂，易燃烧，又按照楼阁式塔的形式，演化出了密檐式塔。在漫长的历史中曾被人们译为"窣堵坡""浮图""塔婆"等，亦被意译为"方坟""圆冢"。随着佛教在中国的广泛传播，直到隋唐时，翻译家才创造出了"塔"字，作为统一的译名，沿用至今。后世的塔在中国化的过程中，也为道家所用。另一方面，逐渐脱离了宗教而走向世俗，衍生出了观景塔、水风塔、文昌塔等等不同作用和目的塔。

三国之际，丹阳人笮融"大起浮图，上累金盘，下为重楼"，是中国造塔的最早记载，所造的塔当为楼阁式。三国时代的吴国于建业（今江苏南京）开始造塔，开创了江南造塔之先。这两个时期没有塔的建筑物保存至今，有迹可循的是一些汉代画像石上塔的形象，有"窣堵坡"的形制。此外，在新疆喀什附近的汉诺依城有座土塔，现已风化严重，但可能是汉末的遗物。

塔的材质 〉

• 土塔

夯土建筑是建筑史早期常见的一种建筑形式，夯土建筑取材方便建造简单所需成本少，曾经是非常经济和流行的一种建筑方式，塔亦有少部分为夯土建筑。但是由于塔一般都高大而纤细，夯土本身的力学性质并不适合建筑高塔，此外夯土塔的建筑和保存还受到气候的影响，土质松软、降水丰沛的地区很难建筑和保存高大的夯土塔。因而保留下来的夯土塔数量很少并主要集中在降水量较少黄土资源丰富的中国西北地区，且夯土塔的主要形制多为体形较为矮胖的覆钵式塔。

在现存为数不多的夯土塔中，最为著名的当属西夏王陵中的夯土高塔，西夏王陵中所建的塔原本以夯土为基础，表面覆盖精美的琉璃装饰，蒙古破西夏后，拆毁精美的王陵塔，但面对高大的夯土塔心却无能为力，因而这些土塔赤裸裸地保留至今。

• 木塔

善用木构是中国传统建筑的一大特点，木塔也是在中国起源最早的塔，三国时期史料记载"上累金盘下为重楼"的塔就是在重楼的顶端加筑窣堵坡的建筑形式，不过这种下木上石的结构违背了材料本身的力学形制，加之年代久远，没有保存至今者。历代所筑木塔均借鉴了很多宫殿建筑的元素和技术，从斗拱、椽、枋、梁、柱等承重结构到门窗栏杆等非承重结构都与同时代的宫殿建筑非常相似。

早期木塔因为建筑技术的限制，常常在塔内用砖石或夯土筑起高台，作为木塔屹立的依托，各层的木构均直接或间接地与塔心的高台相连接。后期随着建筑技术的提高，塔中的高台被木质的中柱取代，这极大地扩充了塔内地活动空间，是建筑技术的一大突破。但中柱的出现也限制了木塔高度的进一步提升，因为要想找到一根高大笔直的木材作为塔的中柱是非常困难的，而塔高也就被限制在中柱的高度上了。

辽代建筑的山西应县木塔则是木塔建筑的又一个技术突破，应县木塔没有中柱，而是由每一层塔身周围的两圈木柱将塔的荷载层层向下传递，这种独特的力学设计比中柱式结构更合理、更坚固，也使得应县木塔历经近千年风雨而始终屹立不倒，成为现存最古老的木塔。

• 砖塔

砖结构仿木构塔的斗拱砖塔是各类塔中数量最多者，历经风雨保留下来的砖塔数量也比其他材质的塔多得多，这一点是由砖本身的材料性质所决定的，砖由黏土烧制，其在结构上的耐久性和稳定性与石材接近，远远胜于夯土和木料，确又具有易于施工的特点，并且可以相对轻易地修筑出各种各样的造型和进行各式各样的雕刻加工，非常适合塔的建造，明清两代随着制砖工业的迅速发展，各类砖塔大量涌现，以至于难以见到由其他材料建筑的高塔了。

虽然砖的性质非常适合建筑塔，但是中国传统建筑中的砖塔在结构上大多模仿木构，斗拱梁柱枋椽额一应俱全，这样的结构美则美矣却不能充分发挥砖材本身性质上的优势，实际上已经成为筑塔技术的一种限制。砖塔的砌筑在塔内部多采用乱砌法，即塔砖在塔内随意紧密堆积，并无一定之规，这是由于塔身直径常常随着塔高变化而发生变化，只有乱砌法才能保证塔身曲线的变化，但是为了保证美观，塔身表面的砖块则须规则堆积，一般采用长身砌或长身丁头砌两种技法。

除了塔砖本身的堆积方式，塔砖之间的粘合也是对砖塔稳定性产生很大影响的因素，唐代砖塔多以黄泥为浆黏性稍差，自宋辽以后在黄泥浆中加入一定的石灰和稻壳，增加了黄泥浆的粘合力，从明代开始，砌塔则全部使用石灰浆，使得塔的稳定性有了飞跃。以砖砌成的塔也有一些弊端，由于砖塔缝隙非常多，因而塔身上极容易生长植物，杂草、树木的根系深入塔身会极大地破坏塔的结构，造成塔的坍塌；另外构成砖塔的建筑材料体形很小，容易被人取下，著名的杭州雷峰塔就是被人们这样的窃砖活动击倒的。

• 石塔

使用石料并非中国传统建筑所长，但由于石材本身的性质非常适合建造高塔，因而在塔中以石材为主要材料者也不算少数。石塔在体量上以小型塔居多，在用途上以木塔居多，常见的石塔有经幢式塔、宝箧印塔、多宝塔、覆钵式塔以及小型的密檐塔和楼阁式塔。只有很少的石塔体量高大，建筑这样的石塔需要比较高的建筑技术和技巧。这些石塔有的使用大石块有的使用大石条或大石板，更多的则是使用体积较小的石砖，依照砖塔的建筑方式构筑，在承重结构上则多仿照木构，由于石材和木材在材料性质上有着很大的差异，前者耐压而弹性较差，后者弹性好但承重能力不强，因而仿木构的石塔大多不能发挥石材性质上的优势，因而在一定程度上限制了石塔的发展。

• 琉璃塔

香山公园中的琉璃塔从本质上讲也是砖塔的一种，因为琉璃塔的琉璃仅仅贴附在塔的表面，塔的内部仍然是用砖砌筑的。琉璃是中国古代严格控制的一种建筑材料，仅有获得官方特许者才能够用琉璃来装饰建筑物，因此琉璃塔的数量非常少，现存的琉璃塔大多是经过皇家特许的敕建宝塔。琉璃材料美观色彩多样，表面覆盖着一层光亮致密的釉层，因而可以很好地抵抗日晒风吹雨淋等风化作用，对保护建筑物起着非常重要的作用。不同的琉璃塔因为地位和经济状况不同，使用琉璃的情况也各自不同，有的塔通体均被琉璃贴面包裹，有的仅仅在塔身的特定部位如转角、塔檐等处贴附琉璃，有的则用琉璃烧制出浮雕造像贴附在塔面。

57

• 铜塔

　　铜塔首次出现于桂林,位于"两江四湖"的日月双塔,其中的日塔——桂林铜塔是中国第一座全铜宝塔,高达 42 米,共 9 层,用 600 吨铜铸成。承建者中国铜雕艺术大师朱炳仁先生,同时朱炳仁还承建了中国首座彩色铜雕宝塔——雷峰塔,声名海内外,自此开启了塔用铜制的新方向。

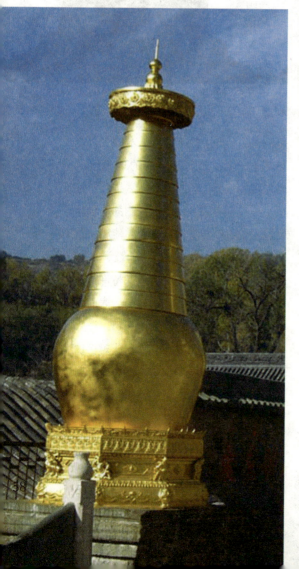

• 香泥小塔

　　香泥小塔是以寺院中供奉的香为材料蘸湿打成泥雕塑的小型佛塔,是一种宗教法器而非建筑物。香泥小塔是喇嘛教常用的一种法器,塔多做覆钵式造型,下部筑有基座,基座上为一覆钵式塔肚,有些香泥小塔在塔肚上方还有塔脖子构成一个完整的覆钵式塔造型,有的则没有塔脖子,形成类似无缝式塔的造型。僧侣们一次制作一定数量的香泥小塔,供奉在佛前或者藏于大塔的地宫或宝顶中,在北京真觉寺金刚宝座塔、甘肃山丹县大喇嘛塔均有大量香泥小塔出土。

塔与佛教

塔，原指为安置佛陀舍利等物，而以砖石等建造成的建筑物，后来又泛指于佛陀生处、成道处、转轮处、涅槃处，乃至安置诸佛菩萨像、佛陀足迹、祖师高僧遗骨等，而以土、石、砖、木等筑成的建筑物。有关造塔的起源，可远溯至佛陀时代。根据记载，须达长者曾求取佛陀的头发等，以之起塔供养。佛陀圆寂之后，则有波婆国等八国，八分佛陀舍利，各自奉归起塔供养。我国历代所建的舍利塔极多。据记载，三国时，有僧人感得舍利，孙权令人以铁槌击打而舍利不碎，因此建塔供养，这可能是中国建造舍利塔的开始。隋文帝时，全国各地建舍利塔的风气极盛。公元601~602年，隋文帝诏敕天下八十二寺立塔。其后，历代皆有造立、修治舍利塔的活动。元代以后多数佛寺中只建佛殿而不建塔。佛塔的重要性逐渐下降，而被佛殿取代。佛塔虽然是一种建筑物，但是佛教认为人们可代借此积累功德。

59

● 世界名塔

世界各地的巍巍塔影，大多以它们高耸入云、挺拔多姿的建筑造型，点缀山河成为大自然风景轮廓线上一个突出的标记。甚至某些名塔已成为该塔所在国家的地理象征。今天林立地球的万千塔体，有佛塔、钟塔、灯塔、水塔、跳伞塔、电视塔、气象塔、太阳塔、冷却塔等，真是名目繁多，姿态各异。

铁娘子——埃菲尔铁塔 〉

埃菲尔铁塔是一座于1889年建成位于法国巴黎战神广场上的镂空结构铁塔，高300米，天线高24米，总高324米。埃菲尔铁塔得名于设计它的桥梁工程师居斯塔夫·埃菲尔。铁塔设计新颖独特，是世界建筑史上的技术杰作，因而成为法国和巴黎的一个重要景点和突出标志。

• 文化象征

1889年5月15日，为给世界博览会开幕式剪彩，铁塔的设计师居斯塔夫·埃菲尔亲手将法国国旗升上铁塔的300米高空，由此，人们为了纪念他对法国和巴黎的这一贡献，特别还在塔下为他塑造了一座半身铜像。

直到2004年1月16日，为申办2012年夏季奥运会，法国巴黎市政府特意在埃菲尔铁塔上介绍了其为申奥所做出的准备情况，而埃菲尔铁塔更成为了该国申奥的"天然广告"。

这个为了世界博览会而落成的金属建筑，曾经保持世界最高建筑45年，直到克莱斯勒大厦的出现。它由250万个铆钉连接固定，据说它对地面的压强只有一个正常的成年人坐在椅子上那么大。塔的四个面上，铭刻了72个科学家的名字，都是为了保护铁塔不被摧毁而从事研究的人们。

埃菲尔铁塔是巴黎的标志之一，被法国人爱称为"铁娘子"。它和纽约的帝国大厦、东京铁塔同被誉为西方三大著名建筑。

• 钢铁杰作

塔身为钢架镂空结构，高 324 米，重 9000 吨。有海拔 57 米、115 米和 274 米的 3 层平台可供游览，第 4 层平台海拔 300 米，设气象站。顶部架有天线，为巴黎电视中心。从地面到塔顶装有电梯和 1711 级阶梯。

铁塔采用交错式结构，由四条与地面成 75 度角的、粗大的、带有混凝土水泥台基的铁柱支撑着高耸入云的塔身，内设四部水力升降机（现为电梯）。它使用了 1500 多根巨型预制梁架、12 000 个钢铁铸件，并且没有用一点水泥，由 250 个工人花了 17 个月建成，造价为 740 万金法郎，每隔 7 年油漆一次，每次用漆 52 吨。这一庞然大物显示了资本主义初期工业生产的强大威力，与其说是建筑，不如叫作装配更为恰当。在设计、分解、生产零件、组装到修整过程中，总结出一套科学、经济而有效的方法，同时也显示出法国人异想天开式的浪漫情趣、艺术品位、创新魄力和幽默感。

> ## 铁塔上的惊人之举

1891 年，巴黎的一位面包师踩着高跷走了 636 级，爬到了铁塔顶层。

1911 年，一位名叫蒙西埃·雷菲尔德的法国裁缝师，穿着自己设计的有弹簧的蝙蝠翅膀形状的披风，从铁塔顶端的护墙上往下飞。但不幸的是，他自制的"披风远征号"在飞行时失控，他在一大批观众的面前飞向了死亡的地狱。他以巨大的力量撞在地面上，撞开了一个足足有 30 厘米深的大洞。事后，医生检查了他的身体。医生说，雷菲尔德也许在撞到地面以前就已因心脏病突发身亡。

1923 年 6 月，一位名叫皮埃尔·拉布里克的法国作家从第二层顶端沿着铁塔骑自行车回到地面。

1926 年 11 月，为了给住在附近的兄弟留个好印象，一位名叫莱昂·科洛的法国人企图驾飞机穿越两个塔墩之间的间隔。他几乎成功了，但在最后时刻，他被太阳光照花了眼。因此，他只好向左转，接着撞到了一根无线电天线，飞机马上着火了，莱昂也命丧九泉。

在第二次世界大战中，就在盟军快要从德国人手里夺回巴黎前，一位美国飞行员做了跟莱昂一样的一次飞行壮举，这次他成功了。

方尖塔 〉

方尖塔，是古埃及特有的一种建筑物，四方柱形，用整块花岗岩制成，通常是对地耸立在巨大的庙殿门前，作为崇拜太阳神的象征之一。现存埃及本土的方尖塔中总数已不超过10根，而且多为单根。可是，在罗马帝国时代欧洲和美洲都市广场上的方尖塔却有50根之多。

世界上最大的一根方尖塔，原在埃及的海里奥波力斯，公元1世纪罗马帝国卡里古拉皇帝为了装饰皇宫旁的圆形广场将它运至罗马，开始放在公元357年兴建的古罗马圆形大竞技场里。

阿斯旺盛产花岗岩，有史以来一直是埃及重要采石矿场，位于阿斯旺市南方2千米外的采石场，遗留的一座未完成的方尖塔，让现代人得以推测早年方尖塔制作的方式，而这座未完成的方尖塔，一直是旅客必定到访的观光据点。埃及历代法老王原以建造金字塔来表彰自己的功勋，埃及建造方尖塔所使用的花岗岩，均来自阿斯旺的采石场的红色花岗岩。

太阳塔 >

太阳塔，又称为塔式太阳望远镜，是专门用于观测太阳的天文设备。世界上第一座太阳塔于1908年在美国威尔逊山的天文台内建成，这是至今世界上最高的太阳塔，高度达45米。太阳塔的高度通常在20米以上，目的在于避免受到地面被太阳能加热产生的热辐射造成的大气扰动，塔的顶部安置观测太阳的定天镜，将太阳光垂直导入正下方安置的成像系统和观测仪器。

太阳塔外形是塔式建筑物，这种结构是美国海耳在1904年提出的。他在地面20~30米高度处，用小望远镜目视观测，发现太阳像的清晰度比近地面观测有明显提高，表明近地面的上升热气流对成像质量有严重影响。如果将定天镜置于20米以上高度处，并用空心圆塔将向下反射的光路同近地面上升热气流隔开，塔内的空气层次大致是水平的，就可消除上述影响。基于这个理由，美国威尔逊山天文台在1908年首先建造太阳塔，取得良好观测结果。此后，许多国家相继建造。

灯塔 〉

灯塔是建于航道关键部位附近的一种塔状发光航标。灯塔是一种固定的航标，用以引导船舶航行或指示危险区。现代大型灯塔结构体内有良好的生活、通信设施，可供管理人员居住，但也有重要的灯塔无人看守。根据不同需要，设置不同颜色的灯光及不同类型的定光或闪光。灯光射程一般为15~25海里。

实际用途

护航照明

灯塔是建于航道关键部位附近的一种塔状发光航标，是一种固定的航标，其基本作用是引导船舶航行或指示危险区。

地理坐标

伴随着科学技术的迅猛发展，雷达应答器、DGPS 系统、AIS 船舶自动识别系统综合导航体系的建立，灯塔的导航作用越来越被弱化，导航价值在日益减少，但其拥有着潜在的历史文化价值，成为了各国追捧的人文地理坐标。

军事防御

灯塔有海上烽火台之说，过去也被用于军事用途，用以进行海防瞭望和防范偷渡。一般与灯塔临近的还有炮台、城堡等防御设施。

宣誓主权

在争议海域，灯塔、哨所、界碑等都常常被当成是主权的象征。

- **国外著名灯塔**

- **法老灯塔，埃及**

世界历史上最高的灯塔是埃及的法老灯塔。高约 134 米。它建在尼罗河河口的法罗斯岛上。塔共分 4 层。最上部是巨大火炉发出强光通过特制镜面反射出去的光源，塔顶竖着大理石雕的海神像。可惜这座灯域毁于 14 世纪的地震。

- **torre de hercules，西班牙**

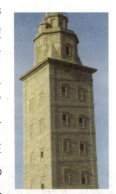

torre de hercules 塔是目前唯一还在使用的古罗马灯塔，而且它还保有了 "世界上最古老的可使用灯塔" 的称号。它的建造时间是公元 2 世纪，在 1791 年 被 eustaquio giannini 工程小组修复。56 米高的灯塔一直屹立到今天并且看起来就跟以前一样的坚固。

- **鸽点灯塔，美国**

鸽点灯塔位于加利福尼亚的一个悬崖边，有着 35 米高，它是美国最高的几

个灯塔之一。每年的 11 月会有许多的摄影师前来拜访，为的就是能够拍下一张用菲涅尔透镜点亮灯塔的照片，它能够达到 500 000 坎德拉的亮度。这个机会可是一年只有一次。

- **处女塔，土耳其**

有 2500 年历史的处女塔是世界上最漂亮的灯塔之一，位于伊斯坦布尔的一个小岛上。在这些年里，这个灯塔曾被用作埋葬室，海关，检疫等。最近，这个灯塔又成了一个非常受欢迎的旅游目的地，而灯塔的内部则成了一家咖啡馆。

- **knarrarós 灯塔，冰岛**

这是世界上你能找到的最美、最杰出的灯塔之一，白色的 knarrarós 灯塔建成于 1938 年，是冰岛南部最高的建筑，有 26 米高，整个建筑造在一个白色的基座上面，四周全是草地，与周围颜色的强烈对比更给它增加了一份神秘的色彩。灯塔目前仍在使用中，每过半分钟就会发出一道持续 3 秒钟的闪光。

△世界上最高的教学钟塔在日耳曼乌尔姆大教堂内，1337 年开始建造，直到 16 世纪才宣告完工。这座高直式建筑用惊人的石结构支撑起玲珑剔透的钟类尖塔，总高度达 161 米。

△冷却塔是许多工厂用作冷却处理的重要构筑物，世界上最高大的冷却塔建造在德国温特洛帕原子能发电厂内，它用钢筋混凝土浇灌而成，高达 179.8 米，1976 年竣工。

△石油富国科威特在 1997 年建成了世界上最杰出的一组水塔，三塔中最高的一座为 187 米，在塔身距地 80 米和 120 米处各建有大小球体。犹如一把利剑直穿二球刺向蓝天。球体的下部贮水4500 立方米，上半部为餐厅，再登电梯直上小球可远眺波斯湾的旖旎景象。

△世界上最高的防震塔是苏联阿拉木图电视塔，总高 378 米，挺立在海拔 1100 米的山顶，能抗 9 级地震，抗震塔基础灌注了几千立方米的钢筋混凝土，使它的刚度、坚固程度达到了抗强震的设计要求。

△世界上最高的钢筋混凝土塔是加拿大的多伦多电视塔，1975 年 4 月建成，总高为 553.33 米。塔身有三级瞭望台和高空旋转餐厅，每年来自世界各地的观光游人达 200 万，被誉称为"加拿大的巨像"。

● 中国古塔

古塔类型 〉

在中国古塔中的历史最悠久、体形最高大、保存数量最多，是汉民族所特有的佛塔建筑样式。这种塔的每层间距比较大，一眼望去就像一座高层的楼阁。形体比较高大的，在塔内一般都设有砖石或木制的楼梯，可以供人们拾级攀登、眺览远方，而塔身的层数与塔内的楼层往往是一致的。在有的塔外还有意制作出仿木结构的门窗与柱子等。

• 密檐式塔

在中国古塔中的数量和地位仅次于楼阁式塔，形体一般也比较高大，它是由楼阁式的木塔向砖石结构发展时而演变来的。这种塔的第一层很高大，而第一层以上各层之间的距离则特别短，各层的塔檐紧密重叠着。塔身的内部一般是空筒式的，不能登临眺览。有的密檐式塔在制作时就是实心的。即使在塔内设有楼梯可以攀登，而内部实际的楼层数也要远远少于外表所表现出的塔檐层数。富丽的仿木构建筑装饰大部分集中在塔身的第一层。

• 亭阁式塔

是印度的覆钵式塔与中国古代传统的亭阁建筑相结合的一种古塔形式，也具有悠久的历史。塔身的外表就像一座亭子，都是单层的，有的在顶上还加建一个小阁。在塔身的内部一般设立佛龛，安置佛像。由于这种塔结构简单、费用不大、易于修造，曾经被许多高僧们采用作为墓塔。

• 花塔

花塔有单层的，也有多层的。它的主要特征，是在塔身的上半部装饰繁复的花饰，看上去就好像一个巨大的花束，可能是从装饰亭阁式塔的顶部和楼阁式、密檐式塔的塔身发展而来的，用来表现佛教中的莲花藏世界。它的数量虽然不多，但造型独具一格。

• 覆钵式塔

是印度古老的传统佛塔形制，在中国很早就开始建造了，主要流行于元代以后。它的塔身部分是一个平面圆形的覆钵体，上面安置着高大的塔刹，下面有须弥座承托着。这种塔由于被西藏的藏传佛教使用较多，所以又被人们称作"喇嘛塔"。又因为它的形状很像一个瓶子，还被人们俗称为"宝瓶式塔"。

• 金刚宝座式塔

　　这种名称是针对它的自身组合情况而言的，而具体形制则是多样的。它的基本特征是：下面有一个高大的基座，座上建有五塔，位于中间的一塔比较高大，而位于四角的四塔相对比较矮小。基座上五塔的形制并没有一定的规定，有的是密檐式的，有的则是覆钵式的。这种塔是供奉佛教中密教金刚界五部主佛舍利的宝塔，在中国流行于明朝以后。

• 过街塔和塔门

　　过街塔是修建在街道中或大路上的塔，下有门洞可以使车马行人通过；塔门就是把塔的下部修成门洞的形式，一般只容行人经过，不行车马。这两种塔都是在元朝开始出现的，所以门洞上所建的塔一般都是覆钵式的，有的是一塔，有的则是三塔并列或五塔并列式。门洞上的塔就是佛祖的象征，那么凡是从塔下门洞经过的人，就算是向佛进行了一次顶礼膜拜。这就是建造过街塔和塔门的意义所在。

中国塔史 >

• 南北朝的塔

　　南北朝时期佛教有了很大的发展，这一时期建造了很多的石窟和寺塔，在云冈、敦煌石窟中都可见到那个时期塔的造型。现存塔最早的实物是北魏天安元年（466年）的小石塔，原来在山西朔县崇福寺内，后在抗日战争中被日军盗去日本。此外云岗石窟中也有很多楼阁式塔的造型。河南嵩山嵩岳寺塔是保存至今的最早的一座砖塔。这一时期主要发展了楼阁式和密檐式塔，建材则是砖、木、石并重。

• 隋唐的塔

　　隋代虽然很短，但佛教盛行，隋文帝杨坚为其母祝寿分三年在全国各州建塔100多座。专家研究表明，所建都是木塔几乎全部毁于兵火。现存的隋塔仅有山东历城四门塔。

　　唐朝的塔有了很大的发展，保存下来的唐塔有百余座之多，集中于中原、关中、山西、北京等地。唐塔由于早期建塔的仿木结构，平面多是方形，内部多是空筒式结构，形式多为楼阁式和密檐式，与后来的塔不同的是，唐塔多不设基座，它身上也不做大片的雕刻与彩绘。南诏国统领西南属地时大兴佛教，建寺造塔风行一时，此后一千多年寺院尽毁，仅剩昆明、大理的一些塔。南诏时代的塔与中原文化结合紧密，与唐塔的形制很接近。同期渤海国的塔也都具有中原、关中地区地区唐塔的特点。

　　唐朝以后的五代时期战乱不断，寺塔建造的数量都不多。这一时期塔的形状从方形过渡到了六角形至八角形，塔的内部也由空筒式逐步过渡到回廊式、壁内折上式。

• 辽宋的塔

两宋辽金时期，南北建筑各具特色，塔亦不例外。两宋期间中国南方经济发达，宗教繁盛，建筑了很多塔。宋塔多为楼阁式塔，或为外密檐内楼阁式塔；此外还有约两成的塔为造像式塔、宝箧印式塔、无缝塔、多宝塔等其他形制的塔。宋塔平面多为八角形或六角形，偶见有四边形者，这与唐塔千篇一律端庄稳重的四边形产生了鲜明的对比。

宋塔每层都建筑有外挑的游廊，有腰檐、平座、栏杆、挑角飞檐等建筑部件；因而即便是如杭州六合塔这样高大雄伟者亦不失轻巧灵动之感。

在塔院的平面布局上，宋塔相比于唐塔发生了巨大的变化，在唐代，塔是寺院的核心部分，大多建筑在寺院的前院；而宋代寺院的核心地位为正殿所取代，塔大多位于后院或正殿两侧。

辽塔多为实心的密檐式塔，建筑材料亦多选择坚固耐久的砖石材料，而在建筑上则以砖石仿木结构，唯门窗不用唐塔宋塔的方形结构设计，而采用在力学上更加合理的拱券设计，这也是辽塔在建筑学上的一个重大突破；除密檐塔外，辽塔中尚有少部分仿唐塔形制的楼阁式塔。辽塔平面多为八角形，繁复的基座是辽塔独有的特色，基座各个立面均做仿木处理，模仿木结构宫殿建筑里面，门窗齐全，表面或篆刻经典或雕凿佛教造像，常见的造像题材有佛像、金刚、力士、菩萨、宝器、塔、城、楼阁等等，非常精美。一些比较著名的辽塔，如北京天宁寺塔，不仅塔身基座遍布精美造像，而且塔檐、仿木斗拱均做工细致精巧惟妙惟肖。但在辽塔中更多的是一些做法比较简单的塔，仅第一层或一二层檐施用斗拱而以上其他各层均以叠涩出檐，造型简洁古朴。相比于同时代的宋塔，辽塔大多轮廓简洁、造型端庄，亦有极高的艺术价值。辽代是中国造塔历史上一个重要的时期，期间不仅造塔数量甚众，而且结构合理、造型优美，很大程度上影响了后世造塔的风格。

金代的皇帝与辽一样笃信佛教大兴造塔之风，但金塔大多仿造唐塔如河南洛阳白马寺齐云塔或仿辽塔建造，并没有突破唐、辽以来建塔的规制而形成自己独有的风格，期间虽然出现了一些外形比较怪异的塔，但大多不能形成体系，亦非优美制作，值得炫耀者不多。其中唯河北正定大广惠寺塔值得专门提及，这是中国历史上最早出现的金刚宝座式塔。

• 元代的塔

元朝皇帝大多信仰佛教，在元朝期间流行于印度的窣堵坡式的塔被再次引入中国，称为覆钵式塔，另外随着密宗在元上流社会中的流行，金刚宝座塔又被从印度引入并较大规模地建造。除了一些覆钵式塔，元代兴建的名塔不多，元塔对后世的影响也比较小。

• 明清的塔

自明清两代开始，逐渐产生了文峰塔这一独特的类型，即各州城府县为改善本地风水而在特定位置修建的塔，其修建目的或为震慑妖孽或为补全风水或作为该地的标志性建筑，文峰塔的出现使得明清两代出现了一个筑塔高潮，许多塔都是以文峰塔的形态出现的。

明清两代的佛塔基本沿袭了辽宋塔的形制，由于筑塔数量较多因而种类非常齐全，从楼阁式、密檐式、覆钵式、金刚宝座式等较为常见的形式到无缝式、宝箧印式等奇异的形式不一而足，尤以楼阁式塔为主流。明清塔大多为高大的砖仿木结构，石塔木塔均很少见，明清两代仿木结构砖塔对木构的模仿都非常精致细腻，不仅斗拱、椽、枋、额具全，而且还出现了雁翅板、垂莲柱等结构；塔的建筑平面多为八角形、六角形和四方形；明清塔承袭了辽塔构筑基座的做法，随着塔在明清从宗教世界走向世俗社会，基座上浮雕的题材出现了相应的变化，不仅包括佛像、金刚、力士、护法天王等宗教题材，也出现了八仙过海、喜鹊登梅、二十四孝、魁星点斗等民间传统祈福题材。明清两代的佛塔或仿宋或仿辽，虽然建筑数量甚众，但在建筑艺术和技术上并无大的突破，其成就远逊于辽宋两朝。

中国十大名塔 〉

• 山西飞虹塔

飞虹塔在山西洪洞县一座小山顶上的广胜上寺广胜寺内，重建于明正德十年至嘉靖六年间（1515~1527），为砖砌楼阁式塔，八角十三层，通高47米。外形轮廓由下至上逐层收缩，形如锥体。塔身用砖砌，外镶黄、绿、蓝三色琉璃烧制的屋宇、神龛、斗拱、莲瓣、角柱、栏杆、花罩及盘龙、人物、鸟兽和各种花卉图案，把塔身装饰得绚丽多姿，金碧辉煌。塔底层设有回廊，回廊南面入口处突出一间二层屋。底层塔心室内有非常华丽的琉璃藻井。飞虹塔轮廓线不是魏晋隋唐以来常见的柔和的抛物线，而是一条直线，比较僵直，但铺满全塔的琉璃贴面反映了山西民间高超的琉璃烧造技艺。

塔中空，有踏道翻转，可攀登而上，设计十分巧妙，为我国琉璃塔中的代表作。清康熙三十四年（1695年）临汾盆地八级地震，此塔安然无恙。

• 登封嵩岳寺塔

嵩岳寺塔是中国现存最早的砖塔，该塔位于登封县城西北约6千米，太室山南麓的嵩岳寺内，建于北魏孝明帝正光元年（520年），距今已有1470年的历史。嵩岳寺塔上下浑砖砌就，层叠布以密檐，外涂白灰，内为楼阁式，外为密檐式，是我国现存最古老的多角形密檐式砖塔。总高41米左右，周长33.72米，塔身呈平面等边十二角形，中央塔室为正八角形，塔室宽7.6米，底层砖砌塔壁厚2.45米，这样的十二边形塔在中国现存的数百座砖塔中，是绝无仅有的。同时，这种密檐形式在南北朝期间也是少见的。该塔不仅以其独特的平面型制而闻名，而且还以其优美的体形轮廓而著称于世。整个塔室上下贯通，呈圆筒状。塔室之内，原置佛台佛像，供和尚和香客绕塔做佛事之用。全塔刚劲雄伟，轻快秀丽，建筑工艺极为精巧。该塔虽高大挺拔，却是用砖和黄泥粘砌而成，塔砖小而且薄，历经千余年风霜雨露侵蚀而依然坚固不坏，至今保存完好，充分证明我国古代建筑工艺之高妙。嵩岳寺塔无论在建筑艺术上，还是在建筑技术方面，都是中国和世界古代建筑史上的一件珍品。

• 大理千寻塔

大理三塔在大理城西郊的洱海之滨，原是崇圣寺的一部分，现寺已无存，塔却依然屹立如故。1925年大理地区发生大地震，城内外房屋几乎全部倒塌，但距大理城只有500米的三塔安然无恙。

大塔又名千寻塔，高69.13米，是座方形密檐式的砖塔，共有16层，造型与西安小雁塔相似，为唐代典型的塔式之一。塔心中空，在古代有井字形楼梯，可以供人攀登。塔顶四角各有一只铜铸的金鹏鸟，传说用以镇压洱海中的水妖水怪。自塔顶向东眺望，洱海胜景尽入眼底。现在楼梯已坏，游人已不能登上塔顶了。塔前照壁上镶有大理石镌刻"永镇山川"四字，字体苍劲有力。

分立在大塔两侧的南、北两小塔，是一对八角形的砖塔。三塔浑然一体，气势雄伟，具有古朴的民族风格。

• 应县释迦塔

中国辽代高层木结构佛塔。在山西省应县城内西北隅佛宫寺内。因塔内供释迦佛得名。又因塔身全是木制构件叠架而成，所以俗称应县木塔。佛宫寺建于辽代，历代重修，现存牌坊、钟鼓楼、大雄宝殿、配殿等均经明清改制，唯辽清宁二年(1056年)建造的释迦塔巍然独存，后金明昌二至六年(1191~1195)曾予加固性补修，但原状未变，是世界现存最古老、最高大的全木结构高层塔式建筑。1933年中国营造学社对木塔进行考察研究，1935年实地测绘，1962年文物出版社又曾予以补测考察，古建研究专家陈明达编著了《应县木塔》。1961年国务院被列为全国重点文物保护单位。

• 西安大雁塔

　　大雁塔位于陕西省西安市南郊慈恩寺内，建于唐代，是全国著名的古代建筑，被视为古都西安的象征。国务院于1961年颁布其为第一批全国重点文物保护单位。为玄奘大法师从印度取经回来后，专门从事译经和藏经之处。因仿印度雁塔样式的修建，故名雁塔。由于后来又在长安荐福寺内修建了一座较小的雁塔，为了区别，人们就把慈恩寺塔叫大雁塔，荐福寺塔叫小雁塔，一直流传至今。大雁塔平面呈方形，建在一座方约45米，高约5米的台基上。塔7层，底层边长25米由地面至塔顶高64米。塔身用砖砌成，磨砖对缝坚固异常。塔内有楼梯，可以盘旋而上。每层四面各有一个拱券门洞，可以凭栏远眺。长安风貌尽收眼底。塔的底层四面皆有石门，门楣上均有精美的线刻佛像，传为唐代大画家阎立本的手笔。塔南门两侧的砖龛内，嵌有唐初四大书法家之一的褚遂良所书的大唐三藏圣教序》和《述三藏圣教序记》两块石碑。唐末以后，寺院屡遭兵火，殿宇焚毁，只有大雁塔巍然独存。另一说，大雁塔建于唐高宗永徽三年，因坐落在慈恩寺内，故又名慈恩寺塔。慈恩寺是唐贞观二十二年（648年）太子李治为了追念他的母亲文德皇后而建。大雁塔在唐代就是著名的游览胜地，因而留有大量文人雅士的题记，仅明清时期的题名碑就有200余通。至今，大雁塔仍是古城西安的标志性建筑，也是闻名中外的胜迹。

• 杭州雷峰塔

雷峰塔原建造在雷峰上，位于杭州西湖南岸南屏山日慧峰下净慈寺前。雷峰为南屏山向北伸展的余脉，濒湖隆起，林木葱郁。雷峰塔相传是吴越王为庆祝黄妃得子而建的，故初名"黄妃塔"。但民间因塔在雷峰之上，均呼之为雷峰塔。原塔共7层，重檐飞栋，窗户洞达，十分壮观。新塔由中国工艺美术大师朱炳仁用铜而建，是中国首座铜制彩色宝塔。

雷峰塔曾是西湖的标志性景点，旧时雷峰塔与北山的保俶塔，一南一北，隔湖相对，有"雷峰如老衲，保俶如美人"之誉，西湖上亦呈现出"一湖映双塔，南北相对峙"的美景。每当夕阳西下，塔影横空，别有一番景色，故被称为"雷峰夕照"。至明朝嘉靖年间，塔外部楼廊被倭寇烧毁。塔基砖被迷信者盗窃，致使塔于1924年9月25日倾圮。清朝许承祖曾作诗云："黄妃古塔势穹窿，苍翠藤萝兀倚空。奇景那知缘劫火，孤峰斜映夕阳红。"雷峰塔倒塌之后，不仅作为西湖十景之一的"雷峰夕照"成了空名，而且"南山之景全虚"，连山名也换成了夕照山。

• 苏州虎丘塔

世界闻名的虎丘塔在苏州西北7千米处，高高耸立于景色幽雅的虎丘山巅，是苏州现存的最古老的一座塔，由于风格与同一时期建的杭州雷峰塔相似，被誉为江南二古塔。同时也被喻为中国比萨塔。

虎丘塔是云岩寺的塔，称云岩寺塔。该塔始建于五代周显德六年（959年），建成于北宋建隆二年（961年）。据记载，隋文帝就曾在此建塔，但那是座木塔，现虎丘塔即在木塔原址上建筑的。高7层，塔身平面呈八角形，是一座砖身木檐仿楼阁形宝塔。由于从宋代到清末曾遭到多次火灾，因而顶部和木檐都遭到了毁坏，原来的高度已无法知道。据有关专家调查，虎丘塔在明崇祯十一年（1638年）改建第7层时，发现明显倾斜。当时曾将此位置略向相反方向校正，以改变重心，纠正倾斜，也曾起过一定的作用。但300多年来塔身倾斜还在继续发展中，可能是由于地基出现不均匀沉降的原因所引起的。现在看

到的虎丘塔已是座斜塔，据初步测量，塔顶部中心点距塔中心垂直线已达2.34米，斜度为2.48°。

杭州雷峰塔已经倒塌，建于公元961年的虎丘塔还依然矗立着，已有1000多年历史。今天，这座耸立于虎丘山巅的千年古塔，已成为古城苏州的标志，被誉为"吴中第一名胜"。这真是：

沧浪网狮拙政园，天岩北寺虎丘山。
蔚林双塔枫桥夜，美景长留天地间。

• 杭州六和塔

六和塔位于杭州钱塘江畔月轮山上，始建于北宋开宝三年（公元970年），宣和五年（1123年），塔被烧毁。南宋绍兴二十四年（1154年）重建，清光绪二十五年（1899年）重修塔外木结构部分。1961年被国务院定为全国重点文物保护单位。

六和塔的名字来源于佛教的"六和敬"，当时建造的目的是用以镇压钱塘江的江潮。塔高59.89米，其建造风格非常独特，塔内部砖石结构分七层，外部木结构为8面13层。清乾隆帝曾为六和塔每层题字，分别为：初地坚固、二谛俱融、三明净域、四天宝纲、五云覆盖、六鳌负载、七宝庄严。

六和塔外形雍容大度，气宇不凡，曾有人评价杭州的三座名塔：六和塔如将军，保俶塔如美人，雷峰塔如老衲。从六和塔内向江面眺望，可看到壮观的钱塘江大桥和宽阔的江面。

20世纪90年代在六和塔近旁新建"中华古塔博览苑"，将中国各地著名的塔缩微雕刻而成，集中展示了中国古代建筑文化的成就。

• 苏州报恩寺塔

苏州报恩寺塔，位于江苏省苏州市内北部偏西报恩寺中（人民路652号），又称北寺塔。塔高9层（76米），占地1.3亩。该塔号称"吴中第一古刹"。1957年被列为江苏省文物保护单位。

报恩寺俗称北寺，是苏州最古老的佛寺，距今已1700多年。始建于三国吴赤乌年间（公元238~251年），相传是孙权母亲吴太夫人舍宅而建，古称通玄寺。唐开元年间（公元713—741年）改为开元寺。五代北周显德年间（公元954~959年）重建，易名为报恩寺。

报恩寺塔是中国楼阁式佛塔，传始建于三国吴，南朝梁（公元502~557年）时建有11层塔，北宋焚；元丰（1078~1085）年间重建为9层，南宋初建炎四年（1130年）在宋金战中复毁；南宋绍兴二十三年（1153年）改建成八面九层宝塔，现存北寺塔的砖结构塔身就是构筑于当时的原物。塔身的木构部分为清末重修，已不全是原貌。此塔曾刻入南宋绍定四年（1229年）的《平江图》碑中。塔正当平江（即今苏州）最主要的南北向大街北端，成为大街的对景。

寺南向，塔在大殿以北中轴线上，八角9层，砖身木檐混合结构。砖构双层套筒塔身，在内、外塔壁之间为回廊，内壁之中为方形塔心室，经由2或4条过道通向回廊，梯级设在回廊中。回廊地面为木楼板上铺砖，楼板由下层内、外壁伸出的叠涩砖支承。回廊、塔心室和过道均以砖砌出仿木结构的壁柱、斗拱或藻井。塔外各层塔身以砖柱分为3间，当心间设门，塔身以下为木结构平座回廊，绕以栏杆，栏杆柱升起承托塔身上的木檐，柱分每面为3间。底层之檐在重修时被接长成为副阶。全塔连同铁制塔刹共高约76米，其中塔刹占全高约1/5，底层副阶柱处平面直径约30米，外壁处直径17米。尺度巨大，但比例并不壮硕，翘起甚高的屋角、瘦长的塔刹，使全塔在宏伟中又蕴含着秀逸的风姿。

• 开封铁塔

铁塔位于河南省开封城内东北隅铁塔公园内，以精湛绝妙的建筑艺术和雄伟秀丽的修长身姿而驰名中外，被人们誉为"天下第一塔"。

铁塔现高 56.88 米，为八角 13 层，是国内现在琉璃塔中最高大的一座，它完全采用了中国木质结构的形式，塔向修长，高大雄伟，通体遍砌彩色琉璃砖，砖面蚀以栩栩如生的飞天、佛像、伎乐、花卉等，图案达 50 多种。令人惊奇的是塔为仿木砖质结构，但塔砖如同斧凿的木料一样，个个有榫有眼，有沟有槽，垒砌起来严密合缝。据统计，塔的外部采用经过精密设计的 28 种标准砖型加工合成。塔身设窗，一层北、二层南、三层西、四层东以此类推为明窗，其他为盲窗。环挂在檐下的 104 个铃铎，

每当风度云穿时，悠然而动，像是在合奏一首优美的乐曲。塔内有砖砌蹬道 168 级，绕塔心柱盘旋而上，游人可沿此道扶壁而上，直达塔顶。登上塔顶极目远望，可见大地如茵，黄河似带，游人至此，顿觉飘然如在天外。

铁塔建成近千年，历尽沧桑，仅史有记载的就遭地震 38 次、冰雹 10 次、风灾 19 次、水患 6 次，尤其是 1938 年日军曾

用飞机、大炮进行轰炸，但铁塔仍巍然屹立，坚固异常。

在铁塔西百米处，是一座重檐伟阁漆栋画梁的大殿，碧瓦迎日，脊兽成列，蔚然壮观，殿长、石狮雄立，殿周围24根大柱抱厦而矗，这就是铁塔公园中最大的殿宇接引佛殿，殿内接引佛像身高5.14米，重12吨，全部由铜铸成，佛像面目慈善，仪态庄严，金粉饰身，左手抚心，右手下垂，赤足立在莲花台上，随时准备引导佛教徒中修行有成的人到西天极乐世界中去。佛像周围的殿壁绘制有大型壁画"西天极乐世界图"，上有大小佛像70多尊，图中有慈眉善眼的菩萨，婀娜多姿的彩女，手托花盘的仙娥，舞姿轻盈的飞天等，锦衣广带，彩绦飘飞，笙萧婉转，鹤舞鹿鸣，一派温馨和谐的天国胜景。

后起之"塔"

广州小蛮腰——广州塔 >

广州塔位于广州市中心，城市新中轴线与珠江景观轴交会处，与海心沙岛和广州市21世纪珠江新城隔江相望。2010年9月28日，广州市城投集团举行新闻发布会，正式公布广州新电视塔的名字为广州塔，整体高600米，为国内第一高塔，而"小蛮腰"的最细处在66层。

广州塔是一座以观光旅游为主，具有广播电视发射、文化娱乐和城市窗口功能的大型城市基础设施。该塔现仅次于日本东京晴空塔的自立式电视塔（高度634米，2008年7月14日动工，2012年2月29日竣工），为世界第二高自立式电视塔，也成为广州的新地标。

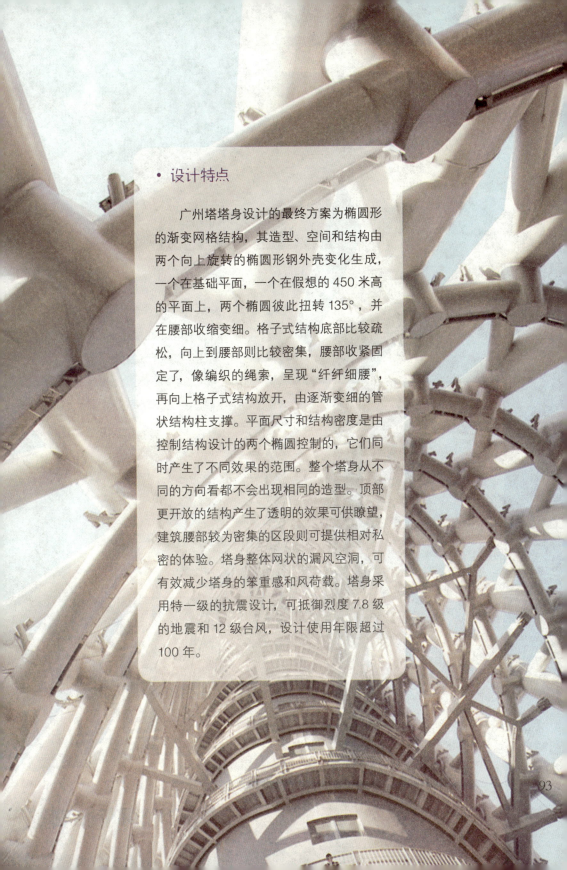

• 设计特点

　　广州塔塔身设计的最终方案为椭圆形的渐变网格结构，其造型、空间和结构由两个向上旋转的椭圆形钢外壳变化生成，一个在基础平面，一个在假想的 450 米高的平面上，两个椭圆彼此扭转 135°，并在腰部收缩变细。格子式结构底部比较疏松，向上到腰部则比较密集，腰部收紧固定了，像编织的绳索，呈现"纤纤细腰"，再向上格子式结构放开，由逐渐变细的管状结构柱支撑。平面尺寸和结构密度是由控制结构设计的两个椭圆控制的，它们同时产生了不同效果的范围。整个塔身从不同的方向看都不会出现相同的造型。顶部更开放的结构产生了透明的效果可供瞭望，建筑腰部较为密集的区段则可提供相对私密的体验。塔身整体网状的漏风空洞，可有效减少塔身的笨重感和风荷载。塔身采用特一级的抗震设计，可抵御烈度 7.8 级的地震和 12 级台风，设计使用年限超过100 年。

世界之最

最长的空中云梯：设于 160 多米高处，旋转上升，由 1000 多个台阶组成；

最高的旋转餐厅：424 米高的旋转餐厅可容纳 400 人就餐，享受中外美食；

最高的 4D 影院：身处百米高空看有香味的电影；

最高的商品店：432 米高的广州塔纪念品零售商店，让您可以把广州塔精美的模型带回家。

最高的横向摩天轮：在 450 米露天观景平台外围，增设一个横向的摩天轮，可以乘坐摩天轮一览广州美景。

东京晴空塔 ﹥

　　东京晴空塔，正式命名前称为新东京铁塔，又称墨田塔，是位于日本东京都墨田区的电波塔。由东武铁道和其子公司共同筹建，于2008年7月14日动工，2012年2月29日竣工。其高度为634.0米，于2011年11月17日获得吉尼斯世界纪录认证为"世界第一高塔"，成为全世界最高的自立式电波塔。

• 建设地点

东京晴空塔预定的建设地点，是位在东京都墨田区东武伊势崎线的押上站和业平桥站之间，东武铁道总部旁边的货物车站原址空地。由东武铁道全额出资成立的"东武塔晴空塔株式会社"负责建造，东武铁道出资约 500 亿日元，建设费用约 400 亿日元。估计每年可以带来约 480 亿日元的经济效益，包含电视台所支付的租金，以及观光门票收入等。

• 电视信号传送

2011 年 7 月 24 日，除东北受灾三县，日本全国全部电视节目放送由模拟信号完全平移至高清数字信号。东京都摩天大楼林立，会对 UHF 信号传输质量造成影响，建立一个超 600 米的电波塔变得尤为重要。

日本放送协会、日本电视台、朝日电视台、TBS、东京电视台、富士电视台在 2013 年 1 月将广播天线从东京铁塔转移至东京晴空塔。

"攻陷"城堡

城堡是欧洲中世纪的产物，公元1066~1400年是兴建城堡的鼎盛时期，欧洲贵族为争夺土地、粮食、牲畜、人口而不断爆发战争，密集的战争导致了贵族们修建越来越多、越来越大的城堡，来守卫自己的领地。

样式演变 〉

早期城堡的类型被称作"土堆与板筑"。土堆是以泥土筑成的土堤，具有一定阔度和高度，一般有15.24米高。土堆上面可以建筑大型的木制箭塔，土堆下面以木板围起，称为板筑，用来防护粮仓、家畜围栏和用来居住的小屋。土堆与板筑就像一个小岛，被挖掘出来并注满水的壕沟所围绕，由一道桥梁和狭小陡峭的小径来互相连接。在危险的时候，如果守不着板筑的话，防卫的武力会撤退到

箭塔里面。

在公元11世纪，开始以石头代替泥土和木材来建筑城堡。建设在土堤上面的木制箭塔，改由大块的石头建造，这种防御工事被称为空壳要塞，后来发展为箭塔或要塞。一堵石墙会包围旧的板筑和要塞，并改由壕沟或护城河环绕，另外再设置吊桥和闸门来防护城堡唯一的城

门。最著名的基本要塞型城堡，是由威廉建造的伦敦塔。它最初是一幢方形的建筑，并被涂成白色以吸引注意，后来的国王们就以今天所看到的城墙和改良后的建筑来加强它的规模。

十字军东征后，带回新的防御技术和攻城工程师，使城堡的设计得到改进。同心的城堡从中心点扩展，由两堵或更多的环形城墙包围。最初以方形的箭塔来加强城墙的防御力，后来则改为圆形的箭塔。因为方形箭塔的角落会很容易受到夹击，使整个箭塔极易受创，而圆形的箭塔则更具有抵抗力。在城墙和箭塔的顶端可加设更多的战备，让它们更具有向下攻击的能力。

虽然火炮出现于14世纪初期的欧洲，但是直到15世纪中期以前，并没有使用到有杀伤力的攻城大炮。随着火炮威力的提升，人们也开始改变城堡的设计。以往高危险陡的城墙被低矮倾斜的城墙所代替。到了15世纪中期，由于王权的扩张，城堡出现衰落。11世纪时，威廉宣称拥有英国所有的城堡，并从贵族的手上把它们收回。到13世纪，城堡的建造或强化必须得到国王的同意。其目的就是为了废除城堡，让它们不能作为叛乱的依靠。

作战防御 >

城堡防卫的基本要点是尽可能让攻城者陷入最高的危险并暴露最多的敌情；相对地，要把防卫者所承受的风险减至最低。一个设计优良的城堡，能够以很少的兵力作长期而有效的防卫。拥有坚固的防御，可以让防卫者在补给充足的优

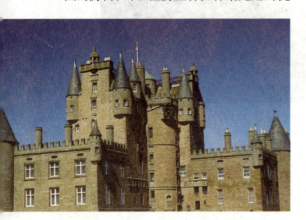

势下力守不屈，直到攻城者被前来解围的军队击退，或是让攻击者在弹尽源绝、疾病交加以致元气大伤的情况下被迫撤离。城堡含有以下防御设施：

• 要塞

要塞是一个小城堡，通常复合在大城

堡里面。要塞功能主要是作防御之用，通常由城堡属民执行防守。如果外城遭外敌攻陷，防卫者可以撤守至要塞中作最后的防御。在许多著名的城堡案例中，这种复合性的建筑是先从要塞盖起，原本便是该旧址的防御工事。随着时间演进，这个复合建筑会逐渐向四周扩建，包括外城墙和箭塔，以作为要塞的第一道防线。

• 城墙

石墙具有防火以及抵挡弓箭和其他投射武器攻击的功能，令敌军无法在没有云梯和攻城塔的情况下，爬上陡峭的城墙。而城墙顶端的防卫者则可以向下射箭或投掷物件对攻城者施袭。攻城者因而全然暴露在开放的空

间之中，相较于防卫者拥有坚强的防护和往下射击的优势，攻城者在向上射击时显得相当不利。如果城墙是建筑在悬崖或其他较高陡峭的地方，其效力和防御价值将大为提高。城墙上的城门

和出入口会尽量地缩小，以提供更大的防御度。

• 箭塔

箭塔建在城角或城墙上，依固定间隔而设，作为坚固的据点。箭塔会从平整的城墙中突出，让身在箭塔的防卫者可以沿着城墙面对的方向对外射击。而城角的箭塔，则可让防卫者扩大攻击的面向，向不同的角度射击。箭塔可以让守城人从东南西北各个面保卫城门。许多城堡一开始时只是一个简单的箭塔，尔后扩建成更大、具有城墙、内部要塞和附加箭塔的复合城堡。

• 城垛

城墙和箭塔会不断地被强化，以提供防卫者更大的防护。在城墙顶端后面的平台，可以让防卫者站立作战。在城墙上方所设置的隙口，可以让防卫者向外射击，或在作战时，得到部分的掩盖。这些隙口可以加上木制的活门作额外的防护。狭小的射击口可以设置在城墙里，让弓兵在射击时受到完全的保护。

在攻击期间，木制平台会从在城墙或箭塔的顶端伸出，让防卫者可以直接射击墙外的敌人，如果敌人有备而来，防卫者可向他们投下石头或腾沸的液体。隐藏在上方的木制平台会保持湿润来防火，与它具有相似功能的石制拱施被称为堞口，会设置在城门的上方或其他重要的据点。

• 壕沟、护城河和吊桥

为了突出城墙的高大优势，城墙底部会挖掘出一道壕沟，环绕整个城堡，并尽可能在这道壕沟内注满流水以形成护城河。壕沟和护城河让直接攻击城墙的

难度增加。如果穿戴装甲的士兵掉到水里面，即使水较浅，也很容易被淹死。护城河的存在也增加了敌人在城堡底下挖掘地道的困难度，因为地道如果在挖掘期间塌下，挖掘者就很容易被护城河的河水淹溺。在某些攻城的案例中，攻城者会在攻击之前，设法将护城河的水排走，然后填平干涸的护城沟，再用攻城塔或云梯来攻上城墙。

吊桥可横跨护城河或壕沟，方便城堡的居民进出。遇到危急时刻，吊桥会被吊起，以恢复壕沟的作用并紧闭城墙。吊桥由城堡内的机械吊起，免于攻城者的进袭。

• 闸门

闸门是坚固的栅栏，位于城门的通道上，必要时可以落下

以堵住门口。城堡的城门是一个有内部空间的门房，乃防卫城堡的坚固据点。人们可以透过一条隧道从城门的通道到达门房。在隧道的中间或两端，会有一层或多层的闸门。滚动的机械作用可在门房的上方吊起或落下闸门做扎实的防护。闸门本身通常为沉重的木制或铁制栅栏，防卫者和攻城者则在闸门的两边射击或刺戳。

• 外堡

坚固的城堡会有外城门和内城门，而两道城门之间的开放区域就被称作外堡。它由城墙包围，设计的目的是用来让穿越外城门的入侵者落入陷阱。攻城者一旦到了外堡，就只能从外城门撤退或向内城门继续进攻；此时，往往沦为弓箭和其他投射武器的攻击目标。

在天下太平时，只要少数的士兵就能够防卫城堡。在晚间，所有的吊桥都会被吊起，闸门

会落下以紧闭门口。在攻城的威胁下，自然会需要更多的兵力去防卫城堡。

当攻城者作出攻击、或企图排走护城河里的水、或填平壕沟时，就需要配置足够的弓兵和弩兵，从城墙上或箭塔上向攻城者射击。只要攻击能造成伤亡，就可打击攻城者的士气并降低其作战实力。如果能以投射武器开火，对攻城者给以沉重打击，更可能就此将其驱离。

如果攻城者采取紧密的肉搏战，就需要战斗力强盛的士兵加以对抗。士兵必须从平台上投下石头或浇下沸腾的液体，也必须修复受到破坏的城墙，或使用燃烧中的投射武器向敌人丢掷火焰。积极的防卫者会寻找机会从城堡冲出，突袭攻城的军队。快速的突袭主要可烧毁城墙下的攻城塔或投石机，以拖延攻城的进度并打击攻城者的士气。

攻坚战术 〉

• 瓦解防守的策略

在攻下城堡或具防御工事的城镇时所遭遇的最大困难，就是要克服用来防止敌军逼近的城墙。其中一个能解决这个难题的方法，就是挖松城墙的底部来让它倒塌，前提是必须是该城堡尚未设置护城河或是先把护城河的水排光。如果城墙的根基固若磐石，这个办法就不会奏效。

一旦采取挖掘墙角的战略，进攻者会掘出一条通往城墙的隧道，并沿着它到城墙的底部。这条隧道会由木桩支撑，然后把支持城墙基础的底部泥土挖出并运走，再换上木桩来支持。隧道中的木桩稍后会依原定计划被放火烧掉。如果一切按照计划来进行，当用来支撑城墙重量的木桩逐渐被烧掉后，城墙就会因为缺乏支撑而坍倒。坍塌的城墙部分会因此开出一个缺口，让攻城的军队直接攻入城堡。

挖掘坑道劳力而费时。防卫者可能会警觉到坑道的存在，而为提防城墙安危受到威胁筑起第二道城墙来抵挡，因此当外墙倒塌时便不会完全暴露出一个缺口来。防卫者也知道如何反制坑道战术，也就是在城墙的底部挖出一条自己的隧道，并尝试来拦截敌军的隧道。当两条隧道彼此相遇时，就会引发地下战争。

• 攻城战术的实施

攻城的军队会设立适当的位置把城堡包围起来，防止城内的士兵逃走或突围。攻城者也会控制附近的农田和乡村并设立巡逻队收集所有关于对方援军的资讯以及采集食物。攻城者的指挥官会审查形势，来决定对城堡的哪一个地方作简单的围攻或准备有效的攻击。如果城堡因为粮尽而投降，攻城者会把防卫者集中囚禁，并预防任何的解围武力来包围自己。

策略——决定使用何种最佳的攻城方法，大概会涉及到下列的一些选择：

· 挖掘城墙的底部。

· 选择要破坏城墙的部分，然后投掷石头予以冲撞（或者用火炮。直到 1450 年即中古时代快要结束时，火炮的效力仍然不足）。

·选择要填平壕沟（或护城河）的部分。

· 建造攻城塔和云梯来攻上城墙。

· 选择城门或其他部分以撞锤冲击。

准备突击的进行速度，会与攻占城堡

的紧急程度、预期投降的时间和拥有的劳动力等各变因成正比。如果攻城者有充足的食物补给，不会遭逢解围的武力，而且防卫者在荣誉得到满足后可能会投降，突击的准备工作就会比表面上来得慢。如果攻城者的补给短缺、解围的武力随时会到来或防卫者非常顽强，准备的工作就会日以继夜地进行。

攻城的装备

攻城的装备是用来越过城墙和城堡的其他防卫者,让攻击部队的优越兵力,可以在最小的伤亡情况下攻击防卫者。许多装备是设计来撞击或破坏城墙。除了简单的云梯之外,中古时代最常被使用的攻城装备,包括巨型投石机、投石机、攻城塔、撞冲车和大盾牌。

一旦城墙遭到破坏或攻城塔已经就位,自愿上阵的士兵就会发动突击。这种部队以"凄凉的期待"而闻名,因为他们都已经做好伤亡的打算。但是,在这种部队中能成功生存下来的人,都会在晋升、头衔和战利品上得到最高的奖励。

巨型投石机是大型的投石器,由沉重的砝码(通常是大袋子的石块)来增强它的威力。投石机的长投掷臂一端会装上大石并借大量的砝码向下拉张。当投掷臂被松开,投掷臂便会因重力骤失向上弹升,使大石以很高的弧形弹道猛力地投射出去。由这种武器所投掷出去的投射物会急速下坠,最理想的情况就是用来粉碎箭塔的顶端、防守装备和平台。除非投射物能够刚好击中城墙的顶端，否则很难光靠巨型投石机破坏垂直的城墙。如果在装配巨型投石机时没有弓箭掩护，可能会在守城士兵突围后被发现并遭毁。巨型投石机最适合用于粉碎木制的屋顶，并且可以把燃烧的碎石与用来纵火的投射物一齐发射出去。

投石机和巨型投石机不尽相同，其威力是由缠绕的绳索或皮条所发挥出来的。它以齿轮绞着绳子制造拉力，在松开后，旋动的绳子就会把投掷臂抛掷出去。当投掷臂碰上笨重的遏制横杆时，设置在投掷臂末端篮子里面的投射物，就会被抛掷出去。遏制横杆能够被调整以改变投射物的弹道。相对于巨型投石机，投石机的弹道比较平伏，而且能产生同样的威力。投石机的密集射击，能够对城墙产生很大的破坏力。另外，投射物和崩落的城墙碎片有助于填平壕沟，它们所制造出来的碎石堆亦提供攻城者攀爬入城。

攻城者会移动攻城塔以贴近城墙，并且将一道梯板从塔顶放下到城墙的顶端，好让塔里的士兵从梯板冲出与防卫者作肉搏战。每一座攻城塔都会很巨大，由湿润的兽皮保护以免受到火焰烧毁。由于重量庞大而使得移动缓慢，因此会架设在有滑轮的木桩上，以推拉的方式向前移动，使它靠近城墙的底部。推拉时前方地面须预作准备，通常会在土泥的地上铺设厚木板作为路面，以便移动。当攻城塔靠近城堡时，弓箭手会从塔顶的战斗区内向城堡内发射弓箭；只要它贴紧城墙，塔内的士兵就会从塔内的梯阶踏上城墙。来自攻城塔内的突击永远不会让防卫者感到惊奇，因为在攻城塔移动迫近时，会有很多时间做御敌的准备。防卫者会走到城墙最受威胁的部分，阻止梯板放下。当攻城塔接近时，防卫者会企图抓住并设法推开。到了突击的最后一刻，攻城工程师会向城墙上可攻击的部分开火，以分散防卫者对突击所作的准备。如果第一队的攻城者从塔上被打倒，还会有源源不断的士兵从梯板的后面涌出，以完成攻占城堡的任务。

● 童话中的城堡

布拉格城堡 〉

在公元第9世纪时布拉格的王子首先在伏尔塔瓦的山上盖了一座城堡，此后他便在此统治他的捷克人民和土地。这里一直是布拉格王室的所在地，几世纪以来经过多次扩建，不仅保留许多雄伟建筑和历史文物，现在仍是捷克总统

的居所。布拉格城堡有多样化的建筑风格，从古代的罗马式地基，到战争期间的后现代风格，每个年代的风格都或多或少在城堡上留下了痕迹。

城堡建于公元9世纪，最初为波希

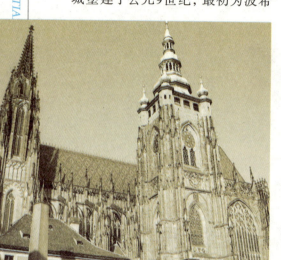

米亚的皇室宫邸，远远望去，乳黄色的楼房，铁灰色的教堂，淡绿色的钟楼，白色的尖顶。布拉格城堡是历届总统的办公室，故又称总统府。这里有罗马式、哥特式、巴洛克式、文艺复兴式等各个历史时代风格的建筑。功能类型包括教堂、王宫、画廊、大厅、塑像、喷泉等。其中以文艺复兴时代建的晚期哥特式加冕大厅、安娜女皇娱乐厅、西班牙大厅最有名。加冕大厅建于1487~1500年，长62米，宽16米，高13米。过去国王曾在此举行加冕

礼，今天，在此举行共和国总统的选举仪式。西班牙大厅在北楼之内，装饰金碧辉煌，是举行盛大宴会和总统接见贵宾的地方。城堡内共有3个庭院。布拉格城堡历经许多的重建与整修工作，里面占地45万平方米，涵盖了1所宫殿、3座教堂、1间修道院，分处于3个中庭内，长久以来，这里是布拉格的政治中心，直到现在仍然是总统与公共机关所在地。60多年来历届总统办公室均设在堡内，所以

又称"总统府"。

站在布拉格老城堡的高高山顶，呈现在眼前的只是布拉格一大片古老而安

112

静的屋宇，天空湛蓝。伏尔塔瓦河上的清风吹来，带来些许湿意；远方，两岸的山坡上高耸着一个又一个教堂或城堡的尖塔，在湛蓝的天际下渐行渐远，没入城郊的田野。

布朗城堡 ❯

　　布朗城堡更为人们熟知的名称是德古拉城堡，那是因为19世纪末爱尔兰作家史托克撰写了一部非常著名的小说《德古拉》，故事就以这座城堡为背景，而主人公正是吸血鬼德古拉伯爵。这部小说多次被搬上银幕，其中以《惊情四百年》较为忠于原著。正是因为这个故事深入人心，于是人们已经把这座城堡定义为吸血鬼城堡。

　　布朗城堡位于罗马尼亚中西部，位于布拉索夫30千米远，这里是匈牙利国王于1377年开始兴建的，本是用来抵御土耳其人的防御工事。1382年建成后，这里逐渐成了集军事、海关、当地行政管理、司法于一身的政治中心。

　　布朗城堡中最有特色的是它的4个

角楼。这些角楼或储存火药或装了活动地板，专门为向围困城堡的敌人泼热水而设计，各有各的职能。4个角楼之间有走廊相连，走廊外墙上都有射击孔，杜绝了射击死角。这样整个城堡就成了一个很严密的战斗堡垒。伏勒德统治时期，为了使人们全都走城堡下的大路以便收税，城堡里驻扎的士兵每天早上、傍晚出动两次，前往附近能翻越的地方巡逻，若碰巧有人，只要让巡逻队抓住就会受到严惩。

115

海德堡城堡 〉

海德堡城堡是建于13世纪的古城，坐落于国王宝座山顶上，名胜古迹非常多，历史上经过几次扩建，形成哥特式、巴洛克式及文艺复兴三种风格的混合体是德国文艺复兴时期的代表作。古堡的正门雕有披着盔甲的武士队，中央庭园有喷泉以及四根花岗岩柱，四周则为音乐厅、玻璃厅等建筑物。古城现在多数的房间是开放给游客参观，保存完好的一些大厅，目前仍可供宴会以及艺术表演之用。站在城廊上远望，满眼尽是无边无垠的葡萄园，美不胜收。堡中能储存220 000升葡萄酒的"大酒桶"以及大酒窖，是海德堡城内最吸引观光客的原因。

踏着石砌马路，进入红褐色古城，首先是一座没有了围墙的城门，它是"伊丽莎白门"。此废墟中余留的城门是1615年建造的，弗里德里希五世为了庆祝伊丽莎白皇后的生日，下令在一日内完工。虽然城墙内外多已损毁，但城门依旧耸立，传说情侣若在城门前留影，则会缔造美满姻缘。

维克多·雨果关于这座小城也有一句名言："我来到这个城市10天了……而

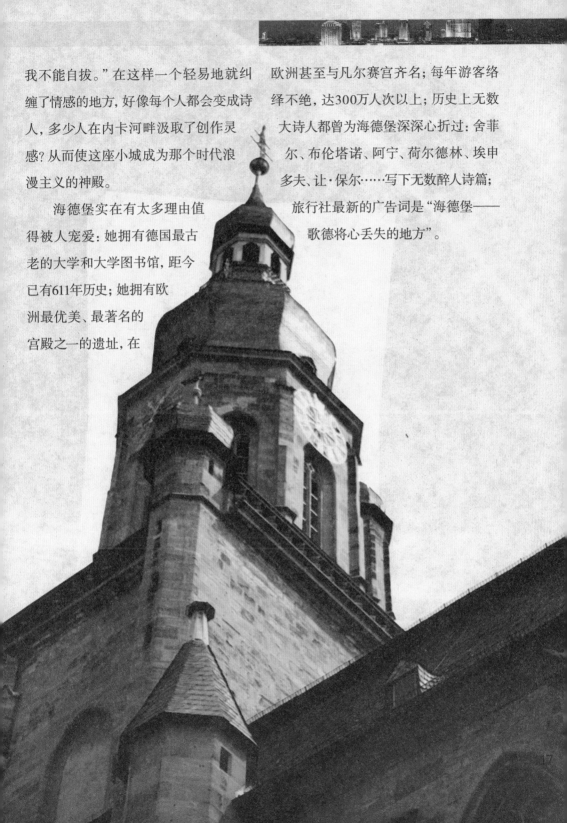

我不能自拔。"在这样一个轻易地就纠缠了情感的地方，好像每个人都会变成诗人，多少人在内卡河畔汲取了创作灵感？从而使这座小城成为那个时代浪漫主义的神殿。

海德堡实在有太多理由值得被人宠爱：她拥有德国最古老的大学和大学图书馆，距今已有611年历史；她拥有欧洲最优美、最著名的宫殿之一的遗址，在欧洲甚至与凡尔赛宫齐名；每年游客络绎不绝，达300万人次以上；历史上无数大诗人都曾为海德堡深深心折过：舍菲尔、布伦塔诺、阿宁、荷尔德林、埃申多夫、让·保尔……写下无数醉人诗篇；旅行社最新的广告词是"海德堡——歌德将心丢失的地方"。

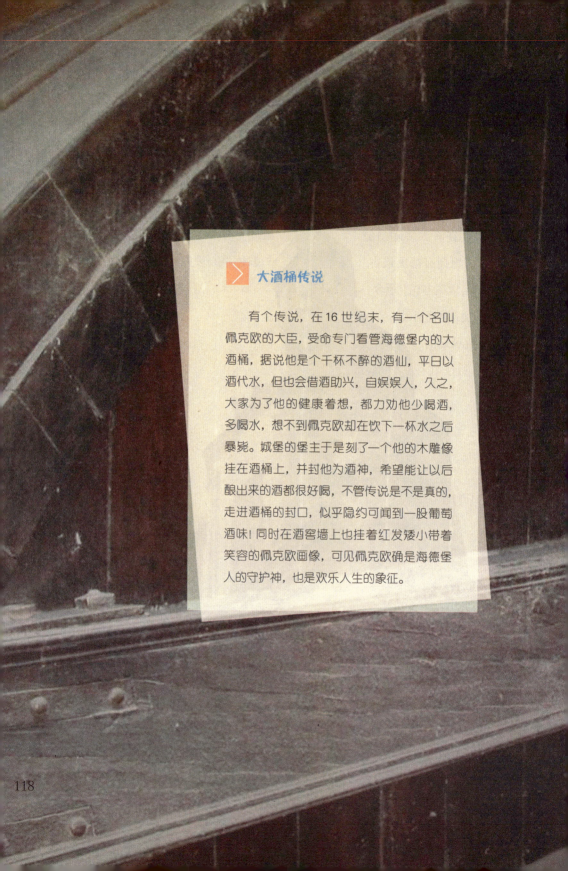

> 大酒桶传说

　　有个传说，在 16 世纪末，有一个名叫佩克欧的大臣，受命专门看管海德堡内的大酒桶，据说他是个千杯不醉的酒仙，平日以酒代水，但也会借酒助兴，自娱娱人，久之，大家为了他的健康着想，都力劝他少喝酒，多喝水，想不到佩克欧却在饮下一杯水之后暴毙。城堡的堡主于是刻了一个他的木雕像挂在酒桶上，并封他为酒神，希望能让以后酿出来的酒都很好喝，不管传说是不是真的，走进酒桶的封口，似乎隐约可闻到一股葡萄酒味! 同时在酒窖墙上也挂着红发矮小带着笑容的佩克欧画像，可见佩克欧确是海德堡人的守护神，也是欢乐人生的象征。

利兹城堡 〉

位于英格兰肯特郡梅德斯顿以东的伦河河谷中，整个城堡位于一个小湖的中央秀美的河水，显得十分优雅。利兹堡兴建的具体年份已无从考证。人们只知道：13世纪，它正式成为皇家别墅。当时皇室的一个习俗就是：历代新任国王把利兹堡送给王后享用。所以，后人评价说：利兹堡里的一切都有浓厚的女性气息，不愧为女王的城堡。后来，在都铎王朝亨利八世的手中，利兹堡重新为私人所有。直到500多年以后，利兹堡正式对外开放。

现在的整个利兹城堡主要分为两个整体，一部分是城堡的建筑，保存着中世纪时候作为防御工事的建筑，城堡的主体是主人活动的主要场所，卧室、会客厅、宴会厅、图书室等都对公众开放，特别是都铎样式的宴会厅中装饰华丽，至今依然带着亨利八世时的皇家气派，墙上依然挂着精美的壁毯，还有美轮美奂的家具以及各类艺术品和收藏品，精致的壁炉上悬挂着亨利八世的画像。

利兹堡中还有一个独一无二的博物馆：狗项圈博物馆。记载了400多年中狗项圈的变化和发展。城堡的葡萄园在一本1086年完成的历史书中就曾被提及，这里自制的葡萄酒曾是皇室钟爱的佳酿。

新天鹅城堡 〉

新天鹅城堡是德国的象征，世界上没有一个国家像德国那样拥有如此众多的城堡，据说目前仍有14 000个。在众多的城堡中，最著名的是位于慕尼黑以南富森的阿尔卑斯山麓的新天鹅城堡。由于是迪斯尼城堡的原型，也有人叫白雪公主城堡。建于1869年。从奥格斯堡到富森，光是坐火车一路的风景都会让遐思神往。这犹如人间仙境的地方藏着有关魔法、国王、骑士的古老的民间传说，还有那无边原始的森林、柔嫩的山坡、无边的绿野上漫步着成群的牛羊，积雪终年的阿尔卑斯山和无尽宽阔的大湖。

这座城堡是巴伐利亚国王路德维希二世的行宫之一。共有360个房间，其中只有14个房间依照设计完工，其他346个房间则因为国王在1886年逝世而未完成。是德国境内受拍照最多的建筑物，也是最受欢迎的旅游景点之一。

新天鹅堡，堡内到处装饰有天鹅的日常用品、帏帐、壁画，就连盥洗室的自来水水龙头，也装饰着天鹅形状。堡内的生活用水方面，是在200米高的山谷中，

建造蓄水池，储存石缝中流出的清水，利用自然的力量水压，提供包括顶层在内全堡的用水。例如寝室内设有天鹅形状的送水装置，一转动水龙头便有清水自水龙头流出。此外，厨房内侧设有锅炉房，整个宫殿因暖风而变得温暖，在严寒的冬季只有暖风是不够的，另外设置了卷吊装置，将暖炉的燃料送至各个层楼。

新天鹅堡并不特别需要景观的设计，因为路德维希二世在心中构思城堡的蓝图时，早已将城堡与天然景观合而为一。正因为这样，城堡在四季中呈现了不同风貌。苍林郁野间，静静铺展着的四个湖泊，丝绒般平滑的沉沉湖水，围绕在城堡四周，城堡就像是大自然那美丽山间的一座巨石。由整体的设计与建筑物巧妙结合在一起。

尚博尔城堡 ＞

尚博尔城堡是法国文艺复兴时期的旷世杰作，被誉为"世界奇迹"之一。它在一片浩瀚的林海中，以美妙无比的想象力把中世纪的传统风格与意大利式的古典结构融为一体。尚博尔城堡也称香堡，坐落在法国卢瓦尔河左岸5000米外的科松镇，占地52.25平方千米。这里最初是布鲁瓦伯爵的狩猎场，后被弗朗索瓦一世看中，于1519年在此修建了尚博尔城堡。弗朗索瓦一世是一个英明有作为的君主，受到当时文艺复兴的影响，他在迷恋上龙巴托式建筑风格之后，决定在这个自己及许多贵族都喜欢的地方修建城堡。为此，他专门把著名画家达·芬奇请到法国宫廷，设计了城堡草图。15年后，城堡的主体建成时，弗朗索瓦一世去世了，而工程到150年后的路易十六时期才全部完成。

城堡是中世纪传统建筑模式和古典意大利式风格的完美结合，它的下部结构非常朴素，是长156米、宽117米的长方形堡垒；但其上部凸兀挺立出许多圆锥形塔尖，组成了最具特色的哥特式艺术气息。下部的简朴和上部的华美很好地融合，使建筑整体看起来浑圆有致，仿佛风韵优雅的少女。尚博尔城堡已经摆脱了原来只注重防御功能的一面，开始注重起外观。所以有的地方为了追求外部效果，连采光的窗子都没有装。而它最著名的，就是设置在主厅里的双螺旋楼梯。两个楼梯随着自身的中轴线向上盘旋，但沿着它们同时而上的两个人却永远不会碰面。后来，在法国大革命中，它曾被几度抢掠，丧失了许多珍宝，并先后沦为养马场、火药工厂和监狱。直到今天，它被开辟成尚博尔公园，成为欧洲最大的公园。人们可以在郁郁葱葱的森林和流淌而过的河流景致中，细细感受它那无与伦比的美。

舍农索城堡 〉

舍农索城堡位于法国安德尔·卢瓦尔省的卢瓦尔河流域，依势横跨在谢尔河上，与河流、园林和绿树构成了一幅非常自然和谐的风景画。舍农索城堡建在谢尔河河床上一个老磨坊的两座石墩上。该城堡自1535年后就属于王室领地。1589年11月1日，凯瑟琳太后最后病死。她把多达40万埃居的遗产，非常慷慨地馈赠给了她的女仆们，最后这座别墅接受了战火的洗礼，里面的奇珍异宝流入黑市。

舍农索城堡混合了哥特式建筑与早期文艺复兴建筑的风格。除去主堡，舍农索最抢人眼球的便是它架在河上的长廊，它既是廊亦是桥，水上城堡之说也由此而来。而位于两侧的花园仿佛是城堡鬓边的佩饰，又或是它纤手上的两方丝帕，它们与城堡的建筑搭配得完美无缺。

温莎古堡 〉

　　温莎城堡，位于英国英格兰东南部区域伯克郡温莎–梅登黑德皇家自治市镇温莎，是世界上有人居住的城堡中最大的一个。城堡的地板面积约有45 000平方米，与伦敦的白金汉宫、爱丁堡的荷里路德宫一样，温莎城堡也是英国君主主要的行政官邸。现任的英国女王伊丽莎白二世每年有相当多的时间在温莎城堡度过，在这里进行国家或是私人的娱乐活动。

　　古堡分为东西两大部分。东面的"上区"为王室私宅，包括国王和女王的餐厅、画室、舞厅、觐见厅、客厅、滑铁卢厅、圣乔治堂等。这里以收藏皇家名画和珍宝著称。滑铁卢厅是为庆贺滑铁卢战役胜利而建的，在宽敞高大的长方形大厅内，墙壁上挂满在滑铁卢战役中立下战功的英国战将的肖像，屋顶上悬挂着巨大的花形水银吊灯。西面的"下区"，是指从泰晤士河登岸进入温莎堡的入口处，这里有座著名的教堂。圣乔治教堂在西区中部，始建于1475年，是一座当时盛行的哥特式垂直建筑，其建筑艺术成就在英国仅次于伦敦市区的威斯敏斯特教堂。英国历史上许多重大事件都发生在这里。自18世纪以来，英国历代君主死后都埋葬在这里。此外，还有许多王后、王子和其他王室成员的陵墓。教堂内厅是

举行宗教仪式和举行嘉德骑士勋章获得者每年朝觐国王的庆典的场所。嘉德骑士勋章是英国的最高荣衔。每一位嘉德骑士在厅内都有固定的席位，席位后面的墙壁上悬挂着每位骑士的盔甲、佩剑和旗帜。艾伯特教堂在西区东部，原作为亨利七世的墓地而建，后由维多利亚女王改为安放其丈夫艾伯特遗体的教堂。

教堂内有艾伯特亲王纪念塔。

城堡的设计随着时间、皇室的喜好、需求与财政改变与发展。尽管如此，城堡的许多特征仍然混合了古典与现代元素。温莎古堡的东北两面环绕着霍姆公园，南面是温莎大公园，里面有森林、草地、河流和湖泊。

图书在版编目（CIP）数据

住在摩天大楼顶层的云 / 于川编著. -- 北京 : 现代出版社, 2014.1

ISBN 978-7-5143-2081-7

Ⅰ.①住… Ⅱ.①于… Ⅲ.①高层建筑 – 建筑艺术 – 普及读物 Ⅳ.①TU971-49

中国版本图书馆CIP数据核字(2014)第008800号

住在摩天大楼顶层的云

作 者	于 川
责任编辑	王敬一
出版发行	现代出版社
地 址	北京市安定门外安华里504号
邮政编码	100011
电 话	(010) 64267325
传 真	(010) 64245264
电子邮箱	xiandai@cnpitc.com.cn
网 址	www.modernpress.com.cn
印 刷	汇昌印刷(天津)有限公司
开 本	710×1000 1/16
印 张	8
版 次	2014年1月第1版 2021年3月第3次印刷
书 号	ISBN 978-7-5143-2081-7
定 价	29.80元